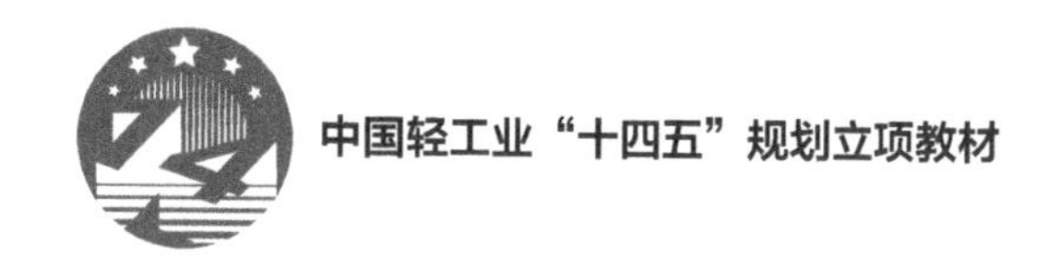

化学工程与工艺专业实验

Chemical Engineering and Technology Experiment

李健　王亚婷　编

图书在版编目（CIP）数据

化学工程与工艺专业实验 / 李健, 王亚婷编. -- 天津 : 天津大学出版社, 2024.5

中国轻工业“十三五”规划教材　中国轻工业“十四五”规划立项教材

ISBN 978-7-5618-7584-1

Ⅰ. ①化… Ⅱ. ①李… ②王… Ⅲ. ①化学工程—化学实验—教材 Ⅳ. ①TQ016

中国国家版本馆CIP数据核字(2023)第156888号

化学工程与工艺专业实验 | HUAXUE GONGCHENG YU GONGYI ZHUANYE SHIYAN

出版发行	天津大学出版社
地　　址	天津市卫津路92号天津大学内（邮编：300072）
电　　话	发行部：022-27403647
网　　址	www.tjupress.com.cn
印　　刷	北京虎彩文化传播有限公司
经　　销	全国各地新华书店
开　　本	787mm×1092mm　1/16
印　　张	9
字　　数	214千
版　　次	2024年5月第1版
印　　次	2024年5月第1次
定　　价	45.00元

前　言

化学工程与工艺专业实验是继大学化学基础实验后，为化学工程与工艺专业学生开设的一门综合性较强、富有实践性的实验研究课程。化学工程与工艺专业实验的目的不仅是掌握化工基础知识、观察实验现象、理解实验原理，而且要综合运用化学工程与工艺基础专业知识，实践性地解决具体的、有明确的实践价值和工程背景的化学与化工专业问题。

二十大报告提出“全面提高人才自主培养质量”，培养工程实践能力是工科教育的重要内容。《中华人民共和国高等教育法》明确规定，高等教育的任务是培养具有社会责任感、创新精神和实践能力的高级专门人才。通过设计实验和分析实验结果，可以锻炼和提高学生的实验研究能力，培养和提高学生的实践创新能力。化学工程与工艺专业实验就是为了提高学生的实验研究能力，培养学生的工程设计能力、工程实践能力和工程创新能力而设立的一门课程。它以化学工程与工艺的专业课（化工热力学、化学反应工程、分离工程、化工工艺学等）为理论基础，与化工原理基础实验、毕业论文（设计）等形成完整的工程实验实践教学环节。

本书是编者在总结多年教学实践的基础上，以配合落实教育部“新工科”建设行动为核心思想，以高级应用型工程技术人才培养为目标而编写的一本专业实验课程教材。全书共选入 24 个实验，按照所涉及专业课程和应用领域，分为化工热力学实验、化工分离技术实验、化学反应工程实验、化工工艺实验、精细化工实验、化工综合创新实验。其中前五个部分既可以作为专业实验体系的基础，也可以作为对应专业课程的课内实验单独开设。化工综合创新实验所选实例注重培养学生综合运用专业知识的能力，激发学生的创新思维意识，这是本书的特色所在。

本书由天津科技大学的李健、王亚婷共同编写，由李健负责统稿。

本书在编写过程中得到了天津科技大学化工与材料学院领导的关心和支持，以及化学工程与工艺专业全体同人的无私帮助，在此表示诚挚的感谢！

由于编者水平有限，本书难免存在不妥之处，敬请读者批评指正。

目　　录

第 1 篇　化学工程与工艺实验基础

第 2 篇　化学工程与工艺实验实例

第 1 篇
化学工程与工艺实验基础

第 1 章　实验室一般规则与安全基础

化学工程与技术是一门工程性很强的学科，在石油化工、医药、环保、轻工、生化、冶金等行业都得到了广泛应用。它是建立在实验基础上的科学，不仅有完整的理论体系，而且具有一些独特的实验研究方法。其实验教学不论在工科院校还是理科院校，都已引起人们的高度重视。这与21世纪化学工业的飞速发展和学科体系的日益完善是密切相关的。化学工程与工艺专业实验在高等学校化学、化工专业的教学计划中一般定为必修实践课。二十大报告指出坚持为党育人、为国育才，全面提高人才自主培养质量，着力造就拔尖创新人才，聚天下英才而用之。深刻领会和学好这门课程，对培养高素质人才有着重要的作用。学生在进行实验之前，必须认真学习化学工程与工艺专业实验的基本规则与要求。

1.1　实验室守则

为确保实验教学顺利进行，学生应该做到理论联系实际，养成良好的实验室学习和工作习惯，掌握实验室的基本操作技能，提高分析和解决问题的能力。为此，要求学生遵守以下实验室规则。

（1）必须遵守实验室的各项制度，严格按实验室操作规程做实验。

（2）禁止将饮料、食物带入实验室，在实验期间不准吃零食，不准乱扔废纸等，保持实验室的环境卫生。

（3）保持实验室安静，听从教师指导，未经许可不得开启仪器、设备。

（4）实验前须认真阅读实验指导书，明确实验目的、方法、步骤，同时复习教材有关内容。

（5）实验开始前须对仪器、设备进行检查，如有问题及时向指导教师汇报，实验必须按照操作规程、实验步骤进行。

（6）实验完毕须对实验设备进行检查、整理、清点，归还所借仪器，得到指导教师准许后方可离开实验室。

（7）爱护国家财产，注意设备和人身安全。如仪器、设备发生故障，立即停止操作，并报告指导教师。

（8）凡损坏、丢失仪器、设备和实验器材者，一律按规定赔偿。

（9）凡违反操作规程，不听劝告者，指导教师有权停止其实验，按旷课论处；情节严重者，上报给予处分。

（10）每次实验结束，必须将实验室打扫干净。

1.2 实验室安全注意事项

化工专业实验的内容比基础实验广泛得多，安全观念要贯穿整个实验过程。化学、化工实验室中的许多物质具有易燃、易爆，有腐蚀性、毒性、放射性等特性，有时还要在高温或低温、高压或高真空条件下操作，此外，还涉及用电和仪表操作等方面的问题，因此安全意识极为重要。

1. 实验室防火安全

（1）实验室内必须存放一定数量的消防器材，消防器材必须放置在便于取用的明显位置，指定专人管理，并且按要求定期检查、更换，全体人员都要爱护消防器材。

（2）实验室内存放的一切易燃、易爆物品（如氢气、氮气、氧气等）必须与火源、电源保持一定距离，不得随意堆放。使用和储存易燃、易爆物品的实验室严禁烟火。

（3）不得乱接、乱拉电线；不得超负荷用电；实验室内不得有裸露的电线头；严禁用金属丝代替保险丝；电源开关箱内不得堆放物品。

（4）电器设备和线路、插头、插座应经常检查，保持完好状态，发现可能引起火花、短路、发热、绝缘破损或老化等情况必须通知电工进行修理。电加热器、电烤箱等设备应做到人走电断。

（5）电烙铁要放在非燃隔热的支架上，周围不应堆放可燃物，用后立即拔下电源插头。

（6）可燃气体钢瓶与助燃气体钢瓶不得混合放置，所有钢瓶都不得靠近热源、明火，要有防晒措施，禁止碰撞与敲击，保持油漆标志完好，专瓶专用。使用可燃气体钢瓶时，一般应将钢瓶放置在室外阴凉和空气流通的地方，气体用管道通入室内。所有钢瓶都必须用固定装置固定，以防倾倒。

（7）未经批准、备案，实验室内不得使用大功率用电设备，以免超出用电负荷。

（8）严禁在楼内走廊中堆放物品，要保证消防通道畅通。

2. 实验室化学药品安全

（1）各级各类实验室所用的化学药品必须由学校统一组织购置，任何实验室和个人不得私自购置。购置剧毒类和易制毒类药品需经公安部门许可，持许可证方可购置。

（2）化学药品要分类存放，相互作用的化学药品不能混放，必须隔离存放。所有化学药品都必须有明确的标签，储存室和储存柜必须保持整齐、清洁。有特殊性质的化学药品必须按其特性要求存放。无名化学药品，变质、过期的化学药品要及时清理、销毁。实验室内不得存放剧毒类药品。

（3）危险化学药品容器应有清晰的标识或标签。遇火、遇潮容易燃烧、爆炸或产生有毒气体的危险化学药品不得在露天、潮湿、漏雨和低洼容易积水的地点存放；受阳光照射易燃烧、爆炸或产生有毒气体的危险化学药品应当在阴凉、通风的地点存放。危险化学药品的存放区域应设置醒目的安全标志。

（4）剧毒药品必须存放在学校专门的剧毒品库内，库房必须符合相关安全要求，必须做到"双人双锁"妥善保管。领用剧毒药品必须经学校保卫处批准，应根据使用情况领取最少数量，做到“双人”领取、“双人”使用，同时做好使用登记和消耗记录。

（5）从事危险化学药品实验的人员应当接受相应的安全技术培训，熟悉所使用药品的性质，熟练掌握所使用药品的操作方法。特别是使用易燃、易爆、剧毒、有致病性、有压力反应等危险性较大的危险化学药品做实验时，严禁盲目操作，必须有相关的操作规程，并以国家和行业的相应规定为标准，严格执行。

（6）实验室产生的废液、废物不得随意丢弃，随意排至地面、地下管道、任何水源，以防污染环境。实验废液、废物要采取适当的措施做无害化处理，确实无法处理的不得私自排放、处理，而应采用专用容器分类存放，防止渗漏、丢失造成二次污染。

（7）实验室应将收集的废液、废物统一运送至实验室设备管理处下设的废物回收库，由实验室设备管理处联系环保局指定或认可的具有处理资质的部门统一处置。

3. 实验室生物安全

（1）实验室生物安全涉及人类生存环境的安全，国家对生物安全管理高度重视，各有关实验室必须高度重视实验室生物安全，必须有效监控和预防实验室生物污染，要定期检查，发现安全隐患要及时报告并处理。

（2）实验室应当定期对工作人员进行培训，保证其掌握实验室技术规范和操作规程、生物安全防护知识和实际操作技能，并进行考核。工作人员经考核合格方可上岗，未经学习培训者不得从事相关工作。

（3）实验室安全管理人员要根据实验室的具体情况制定实验室生物安全操作规程，并对进入实验室做实验的学生进行生物安全知识教育和培训。

（4）未经相关部门批准，不得擅自采集、运输、接收、保存重大动物疫病病料，不得转让、赠送已初步认定为重大动物疫病或者已确诊为重大动物疫病的病料，不得私自将病料样本寄往国外或者携带出境。

（5）生物类实验室废弃物（包括动物残体等）应用专用容器收集，进行高温高压灭菌后处理。生物实验中的一次性手套和沾染致癌物质 EB（ethidium bromide，溴化乙锭）的物品应统一收集和处理，不得丢弃到普通垃圾箱内。

4. 实验室防辐射安全

（1）各涉源单位在开展相关工作前必须进行环评并向上级主管部门申领许可证，通过环评并取得许可证后方可开展相关工作。

（2）从事放射性工作的人员必须遵守放射防护法规和规章制度，接受职业健康监护和个人剂量监测管理，并掌握放射防护知识，经有资质的单位举办的辐射安全培训并考核合格后方可上岗。同时，从事放射性工作的人员必须持培训合格证、个人剂量监测数据、健康体检结果参加上级卫生主管部门的定期审查。

（3）辐射工作场所必须安装防盗、防火、防泄漏设施，保证放射性同位素和射线装置的使用安全。同位素的包装容器、含放射性同位素的设备、射线装置、辐射工作场所的入口处必须设置辐射警示标志和工作信号。

（4）各涉源单位应配备必要的防护用品和监测仪器，建立健全安全检查制度，定期对各实验室使用的放射性同位素、射线装置和辐射工作场所进行安全检查，并做好记录。相关实验室应经常性检查辐射表面的污染状况，并做好记录。检测记录要妥善保存，接受学校实验室安全管理部门和上级部门的检查监督。

（5）购买放射源、同位素试剂和射线装置时，应首先向学校提出申请，经审核并报保卫处备案同意后，向政府环境主管部门申请办理准购证，持证方能委托采购部门进行采购。

（6）各涉源单位要建立健全放射性同位素保管、领用和消耗的登记制度，做到账物相符。实验过程必须小心谨慎，严格按照操作规程进行，做好安全保护工作。

（7）同位素实验等产生的放射性废物（包括同位素的包装容器）不得作为普通垃圾擅自处理，必须向学校申报，经学校同意后，由学校请有资质的公司或单位统一处置。

5. 大型仪器设备安全

（1）大型仪器设备必须有专人负责管理，每台大型仪器设备配备一本大型精密仪器设备使用记录，如实记录使用情况。

（2）要根据大型仪器设备的性能要求布置安装、使用仪器设备的场所，做好水、电供应，并应根据仪器设备的情况落实防火、防潮、防热、防冻、防尘、防震、防磁、防腐蚀、防辐射等技术措施。

（3）必须制定大型仪器设备安全操作规程，使用大型仪器设备的人员必须经过培训，考核合格后方可操作。

（4）要注意仪器设备的接地、电磁辐射、网络等安全事项，避免发生事故。

6. 实验技术安全

（1）实验室工作人员和学生在进行实验操作前要接受实验室安全教育，在进行安全教育时，要对不按操作规程操作造成的后果进行警示。实验室工作人员和学生要严格按照仪器设备和实验操作规程进行实验操作。

（2）进行受压容器、强电、驾驶、易燃、易爆、剧毒等实验的实验室应按照国家和学校的有关规定制定本实验室的安全工作细则，并对进行上述实验的人员进行安全技术培训，经考核合格后方可独立操作。

（3）实验室要做好劳动保护工作，针对高温、低温、辐射、病菌、噪声、毒性、激光、粉尘、超净等对人体有害的环境，要切实加强实验室环境的监管和劳动保护工作。

7. 实验室网络安全

（1）实验室要重视网络、信息安全工作。

（2）保密科研项目或实验技术项目的分析测试数据和大型精密仪器设备的图纸等信息、资料必须按保密等级存放，设专人管理，严禁外泄。

1.3 实验室紧急事件处理方法

1. 实验室火灾应急处理

在实验中一旦发生了火灾，应保持镇静，切不可惊慌失措。首先立即切断室内一切火源和电源，然后根据具体情况正确地进行抢救和灭火。常用的处理方法如下。

(1)可燃液体燃烧时，应立即拿开附近的一切可燃物质，关闭通风器，防止燃烧面积扩大。

(2)汽油、乙醚、甲苯等有机溶剂着火时，应用石棉布或干沙扑灭，绝对不能用水，否则反而会扩大燃烧面积。

(3)金属钾、钠或锂着火时，绝对不能用水、泡沫灭火器、二氧化碳灭火器、四氯化碳灭火器灭火，可用干沙、石墨粉扑灭。

(4)电器设备、导线等着火时，不能用水、泡沫灭火器灭火，以免触电。应先切断电源，再用二氧化碳灭火器或四氯化碳灭火器灭火。

(5)衣服着火时，千万不要奔跑，应立即用石棉布或厚外衣盖熄，或者迅速脱下衣服。火势较大时，应卧地打滚以扑灭火焰。

(6)发现烘箱有异味或冒烟时，应迅速切断电源，使其慢慢降温，并准备好灭火器备用。千万不要急于打开烘箱门，以免突然供入空气助燃(爆)，引起火灾。

(7)发生火灾时应注意保护现场。较大的着火事故应立即报警。若有伤势较重者，应立即送医院。

(8)要熟悉实验室内灭火器材的位置和使用方法。

2. 实验室爆炸应急处理

(1)实验室发生爆炸时，实验室负责人或安全员在其认为安全的情况下必须及时切断电源和关闭管道阀门。

(2)所有人员应听从临时召集人的安排，有组织地通过安全出口或用其他方法迅速撤离爆炸现场，应急预案领导小组开展抢救工作和人员安置工作。

3. 实验室中毒应急处理

在实验中若有咽喉灼痛、嘴唇脱色、胃部痉挛、恶心呕吐等症状，可能是中毒所致。应先根据中毒原因施以下述急救，然后立即送医院治疗，不得延误。

(1)首先将中毒者转移到安全地带，解开领扣，使其呼吸通畅，呼吸到新鲜空气。

(2)误服毒物的中毒者须立即引吐、洗胃。若中毒者清醒且合作，宜饮大量清水引吐，亦可用药物引吐；对引吐效果不好或昏迷的中毒者，应立即送医院用胃管洗胃。

(3)重金属盐中毒者应先喝一杯含有几克 $MgSO_4$ 的水溶液，然后立即就医，不要服催吐药，以免引起危险或使病情复杂化。砷和汞化物中毒者必须紧急就医。

(4)对吸入刺激性气体的中毒者，应立即转移离开中毒现场，给予 2%~5% 的碳酸氢钠溶液雾化吸入并吸氧。对气管痉挛者，应酌情给予解痉挛药物雾化吸入。

(5)应急人员一般应配置过滤式防毒面罩、防毒服装、防毒手套、防毒靴等。

4. 实验室触电应急处理

(1)关闭电源。

(2)用干木棍将导线与触电者分开。

(3)急救者必须做好防止触电的安全措施，手或脚必须绝缘。

（4）必要时进行人工呼吸并送医院救治。

5. 实验室化学灼伤应急处理

（1）强酸、强碱等化学物质具有强烈的刺激性和腐蚀作用，发生这些化学灼伤时，应先用大量流动的清水冲洗，再用低浓度（2%~5%）的弱碱（对强酸灼伤）、弱酸（对强碱灼伤）进行中和，处理后依据情况做下一步处理。

（2）化学物质溅入眼内时，应立即就近用大量清水或生理盐水彻底冲洗。冲洗时，眼睛置于水龙头上方，水向上冲洗眼睛，时间不应短于 15 min，切不可因疼痛而紧闭眼睛。处理后再送眼科医院治疗。

6. 其他

（1）烫伤：应涂上苦味酸和獾油。

（2）割伤：应以消毒酒精擦洗伤口，撒上止血粉或缠上创可贴。若为玻璃割伤，应注意清除玻璃碴。

第2章　实验的组织和实施

习近平总书记指出："加强对党中央治国理政新理念新思想新战略的研究阐释，提炼出有学理性的新理论，概括出有规律性的新实践。这是构建中国特色哲学社会科学的着力点、着重点。"开展以培养学生的创新精神和实践能力为核心的化学工程与工艺专业实验课程，可以逐步形成有利于学生全面发展的创造性实验教学的模式体系。其具体的组织和实施可分为三个步骤：实验方案的设计和实施、实验数据处理和误差分析、实验报告的撰写。

2.1　实验方案的设计和实施

1. 实验方案设计

实验方案设计是在实验之前对实验进行的总体把握和全面构想、规划。实验方案的设计和实施都要紧密围绕实验目的、实验要求、实验对象的特性展开。富有合理性、科学性、严谨性的实验方案才能保证实验工作顺利展开和实验结果合理、可靠。因此，实验方案的设计要做到如下几点。

(1)科学性：实验原理准确，实验流程合理。

(2)安全性：保护人身安全，保护环境，保护仪器。

(3)合理性：条件允许，效果明显，操作正确。

(4)简约性：步骤少，时间短，效果好。

2. 实验方案实施

实验方案的实施主要包括：实验设备的设计与选用；实验流程的组织与实施；实验装置的安装与调试；实验数据的采集与测定。实施工作通常分三步进行：首先根据实验内容和要求设计、选用和制作实验所需的主体设备和辅助设备；然后围绕主体设备构想、组织实验流程，解决原料的配制、净化、计量、输送问题和产物的采样、收集、分析、后处理问题；最后根据实验流程进行设备、仪表、管线的安装和调试，完成全流程的贯通，进入正式实验阶段。

2.2　实验数据处理和误差分析

1. 实验数据处理的基本方法

数据处理是实验报告的重要组成部分，其内容十分丰富，如数据的记录，函数图线的描绘，从实验数据中提取测量结果的不确定度信息，验证和寻找规律等。本节介绍一些常用的数据处理方法。

1)列表法

将实验数据按一定规律用列表的方式表示出来是记录和处理实验数据最常用的方法。

表格的设计要求对应关系清楚、简单明了、有利于发现相关量之间的关系；还要求在标题栏中注明物理量的名称、符号、数量级和单位等；可以根据需要列出除原始数据以外的计算栏和统计栏等；还要求写明表格名称，主要测量仪器的型号、量程和准确度等级，有关环境条件参数（如温度、湿度等）。

本课程中的许多实验已列出数据表格供参考，有一些实验的数据表格需要自己设计。

2）作图法

作图法可以醒目地表示物理量之间的关系。从图线上可以简便地求出实验需要的某些结果（如直线的斜率和截距等），读出没有进行观测的对应点（内插法），或在一定条件下从图线的延伸部分读出测量范围以外的对应点（外推法）。此外，还可以把某些复杂的函数关系通过一定的变换用直线表示出来。要特别注意的是，实验作图不是作示意图，而是用图来表示实验中得到的物理量之间的关系，同时还要反映出测量的准确程度，所以必须满足一定的作图要求。

（1）作图必须用坐标纸。按需要可以选用毫米方格纸、半对数坐标纸、对数坐标纸或极坐标纸等。

（2）选坐标轴。以横轴代表自变量、纵轴代表因变量，在轴的中部注明物理量的名称、符号和单位。

（3）确定坐标分度。坐标分度要保证图上观测点的坐标读数的有效数字位数与实验数据的有效数字位数相同。例如，对直接测量的物理量，轴上最小格的标度可与测量仪器的最小刻度相同。两轴的刻度不一定从零开始，一般可取比数据最小值小一些的整数开始标值，以尽量使图线占据图纸的大部分，不偏于一角或一边。对每个坐标轴，相隔一定距离在轴下用整齐的数字注明刻度（图 2-1）。

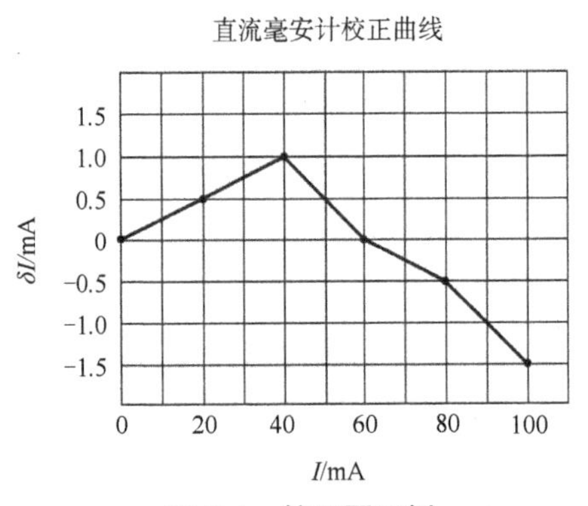

图 2-1 校正图示例

（4）描点和连线。根据实验数据用削尖的铅笔在图上描点，点可用“+”“×”“⊙”等符号表示，符号在图上的大小应与物理量的不确定度高低相当。点要清晰，图线不能盖过点。连线时要纵观所有数据点的变化趋势，用曲线板连出光滑而细的曲线（如系直线可用直尺）。连线不能通过偏差较大的观测点，应均匀地分布于图线的两侧。

（5）写图名和图注。在图纸上部的空白处写出图名和实验条件等。

此外，还有一种校正图，如用准确度级别高的电表校正准确度级别低的电表。这种图要附在被校正的仪表上作为示值的修正。作校正图除连线方法与其他图不同外，其余均相同。校正图的相邻数据点用直线连接，全图为不光滑的折线（图 2-1）。这是因为不知两个校正点之间的变化关系而用线性插入法做近似处理。

2. 有效数字及其运算规则

在科学与工程中，总是以一定位数的数字来表示测量或计算结果，不是说数值小数点后面的位数越多越准确。实验中从测量仪表上所读数值位数是有限的，取决于测量仪表的精度，一般应读到测量仪表最小刻度的十分之一位，其最后一位数字往往是由测量仪表的精度决定的估计数字。数值的准确度由有效数字位数决定。

1）有效数字

一个数据中除了起定位作用的 0 外，其他数字都是有效数字。如 0.003 7 只有 2 位有效数字，而 370.0 则有 4 位有效数字。一般要求测量数据有效数字为 4 位。要注意有效数字不一定都是可靠数字。如测流体阻力所用的 U 形管压差计最小刻度是 1 mmHg，但可以读到 0.1 mmHg，如 342.4 mmHg；又如二等标准温度计的最小刻度为 0.1 ℃，但可以读到 0.01 ℃，如 15.16 ℃。此时有效数字为 4 位，而可靠数字只有 3 位，最后一位数字是不可靠的，称为可疑数字。记录测量数据时，只保留一位可疑数字。

为了清楚地表示数值的精度，明确读出有效数字，常用指数的形式表示数值，即写成一个小数与 10 的整数幂的乘积。这种以 10 的整数幂来记数的方法称为科学记数法。如 75 200：有效数字为 4 位时，记为 7.520×10^5；有效数字为 3 位时，记为 7.52×10^5；有效数字为 2 位时，记为 7.5×10^5。又如 0.004 78：有效数字为 4 位时，记为 4.780×10^{-3}；有效数字为 3 位时，记为 4.78×10^{-3}；有效数字为 2 位时，记为 4.8×10^{-3}。

2）有效数字的运算规则

（1）记录测量数据时，只保留一位可疑数字。

（2）当有效数字位数确定后，其余数字一律舍弃。舍弃办法是四舍六入，即末位有效数字后边第一位小于 5 则舍弃；大于 5 则末位有效数字加 1；等于 5 时，若末位有效数字为偶数则舍弃，若末位有效数字为奇数则加 1 变为偶数。这种舍入原则可简述为："小则舍，大则入，正好等于奇变偶。"如保留 4 位有效数字：3.717 29 → 3.717；5.142 85 → 5.143；7.623 56 → 7.624；9.376 56 → 9.376。

（3）在加减计算中，各数所保留的位数应与各数中小数点后位数最少的数相同。如将 24.65、0.008 2、1.632 这 3 个数相加时，应写为 $24.65 + 0.01 + 1.63 = 26.29$。

（4）在乘除运算中，各数所保留的位数以有效数字位数最少的那个数为准，结果的有效数字位数应与原来各数中有效数字位数最少的那个数相同。例如：0.012 1、25.64、1.057 82 这 3 个数相乘应写成 $0.012\,1 \times 25.6 \times 1.06=0.328$。

（5）在对数计算中，所取对数的位数应与真数的有效数字位数相同。

3. 误差的基本概念

测量是人类认识事物的本质所不可缺少的手段。通过测量，人们能对事物获得定量的概念,发现事物的规律性。科学上很多新的发现和突破都是以测量为基础的。测量就是用实验的方法将被测量与所选用的作为标准的同类量进行比较,从而确定它的大小。

真值是被测量客观存在的确定值,也称理论值或定义值。通常真值是无法测得的。若在实验中测量的次数无限多,根据误差的分布定律,正负误差出现的概率相等,再经过细致地消除系统误差,将测量值加以平均,可以获得非常接近真值的数值。但是实际上实验测量的次数总是有限的,用有限的测量值求得的平均值只能与真值近似。常用的平均值有下列几种。

1)算术平均值

算术平均值是最常见的一种平均值。

设 x_1、x_2、…、x_n 为各次的测量值,n 代表测量次数,则算术平均值为

$$\overline{x} = \frac{x_1 + x_2 + \cdots + x_n}{n} = \frac{\sum_{i=1}^{n} x_i}{n} \tag{2-1}$$

2)几何平均值

几何平均值是将一组 n 个测量值连乘并开 n 次方求得的平均值,即

$$\overline{x}_{几} = \sqrt[n]{x_1 x_2 \cdots x_n} \tag{2-2}$$

3)均方根平均值

$$\overline{x}_{均} = \sqrt{\frac{x_1^2 + x_2^2 + \cdots + x_n^2}{n}} = \sqrt{\frac{\sum_{i=1}^{n} x_i^2}{n}} \tag{2-3}$$

4)对数平均值

在化学反应、热量和质量传递中,分布曲线多具有对数的特性,在这种情况下表征平均值常用对数平均值。

设有 2 个量 x_1、x_2,其对数平均值为

$$\overline{x}_{对} = \frac{x_1 - x_2}{\ln x_1 - \ln x_2} = \frac{x_1 - x_2}{\ln \frac{x_1}{x_2}} \tag{2-4}$$

应指出,变量的对数平均值总小于算术平均值。当 $x_1/x_2=2$ 时,$\overline{x}_{对}=1.443x_2$,$\overline{x}=1.5x_2$,$(\overline{x}-\overline{x}_{对})/\overline{x}_{对}=4\%$,则当 $x_1/x_2\leqslant 2$ 时,用算术平均值代替对数平均值引起的误差不超过 4%。

上面介绍各平均值的目的是从一组测定值中找出最接近真值的那个值。在化工实验和科学研究中,数据的分布多属于正态分布,所以通常采用算术平均值。

4. 误差的分类

误差根据性质和产生的原因,一般分为如下三类。

1)系统误差

系统误差是在测量和实验中由未发觉或未确认的因素引起的误差,这些因素使结果永远朝一个方向偏移。系统误差的大小和符号在同一组实验测定中完全相同,实验条件一经确定,系统误差就为一个客观上的恒定值。

改变实验条件，就能发现系统误差的变化规律。

系统误差产生的原因：测量仪器不良，如刻度不准，零点未校正或标准表本身存在偏差等；周围环境改变，如温度、压强、湿度等偏离校准值；实验人员的习惯和偏向，如读数偏高或偏低等。针对仪器的缺点、外界条件的变化、个人的偏向加以校正，系统误差是可以消除的。

2）偶然误差

在已消除系统误差的量的测量中，所测数据仍在末一位或末两位数字上有差别，而且时大时小，时正时负，没有确定的规律，这类误差称为偶然误差或随机误差。偶然误差产生的原因不明，因而无法控制和补偿。但是倘若对某一量值进行足够多次的等精度测量，就会发现偶然误差完全服从统计规律，误差的大小和正负完全由概率决定。随着测量次数的增加，偶然误差的算术平均值趋近于零，所以多次测量结果的算术平均值更接近真值。

3）过失误差

过失误差是显然与事实不符的误差，它往往是由实验人员粗心大意、过度疲劳、操作不正确等原因引起的。此类误差无规律可循，但只要增强责任感、多方警惕、细心操作，过失误差是可以避免的。

5. 精度、精密度和准确度

反映测量值与真值的接近程度的量称为精度（亦称精确度）。它对误差有影响，测量的精度越高，误差就越小。精度包括精密度和准确度两层含义。

（1）精密度：测量中所测得数值的重现性程度称为精密度。它反映了偶然误差的影响程度，精密度高就表示偶然误差小。

（2）准确度：测量值相对于真值的偏移程度称为准确度。它反映了系统误差的影响程度，准确度高就表示系统误差小。

精度反映了测量中所有系统误差和偶然误差的综合影响程度。在一组测量值中，精密度高的准确度不一定高，准确度高的精密度也不一定高，但精度高则精密度和准确度都高。

6. 误差的表示方法

用任何量具或仪器进行测量都存在误差，测量结果不可能准确地等于被测量的真值，而只是它的近似值。测量质量以测量精度为指标，根据测量误差来估计测量精度。测量结果的误差越小，则认为测量越精确。

1）绝对误差

测量值 X 和真值 A_0 之差为绝对误差，通常称为误差，记为

$$D = X - A_0 \tag{2-5}$$

由于真值 A_0 一般无法求得，因而式（2-5）只有理论意义。常用高一级标准仪器的示值作为实际值 A 代替真值 A_0。由于高一级标准仪器存在较小的误差，因而 A 不等于 A_0，但总比 X 更接近 A_0。X 与 A 之差称为仪器的示值绝对误差，记为

$$d = X - A \tag{2-6}$$

与 d 相反的数称为修正值，记为

$$C = -d = A - X \tag{2-7}$$

通过检定，可以由高一级标准仪器给出被检仪器的修正值 C。利用修正值 C 便可以求出被检仪器的实际值 A。

$$A = X + C \tag{2-8}$$

2）相对误差

测量值的准确程度一般用相对误差来衡量。示值绝对误差 d 与实际值 A 的百分比称为实际相对误差，记为

$$\delta_A = \frac{d}{A} \times 100\% \tag{2-9}$$

以示值 x 代替实际值 A 的相对误差称为示值相对误差，记为

$$\delta_x = \frac{d}{x} \times 100\% \tag{2-10}$$

一般来说，除了某些理论分析外，采用示值相对误差较适宜。

3）引用误差

为了计算仪表精度，划分仪表精度等级，提出了引用误差的概念。其定义为仪表的示值绝对误差与量程范围之比。

$$\delta_A = \frac{示值绝对误差}{量程范围} \times 100\% = \frac{d}{X_n} \times 100\% \tag{2-11}$$

式中 d——仪表的示值绝对误差；

X_n——标尺上限值－标尺下限值。

4）算术平均误差

算术平均误差是各个测量值误差的平均值。

$$\delta_{平} = \frac{\sum |d_i|}{n} \quad (i = 1, 2, \cdots, n) \tag{2-12}$$

式中 n——测量次数；

d_i——第 i 次测量的误差。

5）标准误差

标准误差亦称为均方根误差，其定义式为

$$\sigma = \sqrt{\frac{\sum d_i^2}{n}} \tag{2-13}$$

式（2-13）适用于无限测量的场合。在实际测量工作中，测量次数是有限的，则改用下式：

$$\sigma = \sqrt{\frac{\sum d_i^2}{n-1}} \tag{2-14}$$

标准误差不是一个具体的误差，其大小只说明在一定条件下等精度测量集合中的测量值相对于算术平均值的分散程度，σ 的值越小说明这个测量值相对于算术平均值的分散程度就低，测量精度就越高，反之测量精度就越低。

化工原理实验中最常用的 U 形管压差计、转子流量计、秒表、量筒、电压表等仪表原则

上均取其最小刻度值为最大误差，而取其最小刻度值的一半作为绝对误差计算值。

7. 测量仪表的精度

测量仪表的精度等级是通过最大引用误差（又称允许误差）得出的，最大引用误差等于仪表的最大示值绝对误差与量程范围之比。

$$\delta_{max}=\frac{\text{最大示值绝对误差}}{\text{量程范围}}\times 100\%=\frac{d_{max}}{X_n}\times 100\% \tag{2-15}$$

式中　δ_{max}——仪表的最大引用误差；

d_{max}——仪表的最大示值绝对误差；

X_n——标尺上限值 - 标尺下限值。

在通常情况下用标准仪表校验精度等级较低的仪表，所以最大示值绝对误差就是被校仪表与标准仪表之间的最大绝对误差。

测量仪表的精度等级是国家统一规定的，常以圆圈内注数字的形式标在仪表的面板上。例如某台压力计的允许误差为 1.5%，它的精度等级就是 1.5，通常简称 1.5 级仪表。

仪表的精度等级 a 为该仪表在正常工作条件下最大引用误差 δ_{max} 的上限，即

$$\delta_{max}=\frac{d_{max}}{X_n}\times 100\%\leqslant a\% \tag{2-16}$$

由式（2-16）可知，在应用仪表进行测量时能产生的最大绝对误差（简称误差限）为

$$d_{max}\leqslant a\%\times X_n \tag{2-17}$$

能产生的最大相对误差为

$$\frac{d_{max}}{X}\times 100\%\leqslant a\%\times\frac{X_n}{X} \tag{2-18}$$

由式（2-18）可以看出，用仪表测量某一被测量能产生的最大相对误差不会超过仪表允许误差上限 $a\%$ 乘以仪表量程范围 X_n 与测量值 X 的比。在实际测量中为可靠起见，可用下式对仪表的测量误差进行估计：

$$\delta_{m}=a\%\times\frac{X_n}{X} \tag{2-19}$$

2.3　实验报告的撰写

1. 实验报告的特点

（1）原始性：实验报告记录和表达的实验数据一般比较原始，数据处理结果通常以图或表的形式表示，比较直观。

（2）纪实性：实验报告的内容侧重于实验过程、操作方式、分析方法、实验现象和实验结果的详尽描述，一般不做深入的理论分析。

（3）试验性：实验报告不强求内容的创新，即使实验未能达到预期效果甚至失败，也可以撰写实验报告，但必须客观、真实。

2. 实验报告的内容和撰写要求

化工专业实验内容很多，也很广泛，实验报告一般可以从以下几个方面展开撰写。

（1）实验目的：本次实验所要达到的目标或目的，使实验在明确的目的下进行。

（2）实验日期和实验者：在实验名称下面注明实验时间和实验者。这是很重要的实验资料，便于将来查找时进行核对。

（3）实验原理：本次实验涉及的传质、传热、反应的基本原理，数据测量、分析的基本方法。

（4）实验装置、仪器和试剂：主要的仪器和药品应分类罗列，不能遗漏。需要注意的是实验报告中应该有为完成实验所用试剂的浓度和仪器的规格，因为试剂的浓度不同往往会得到不同的实验结果，仪器的规格不能写为大试管、小烧杯等。

（5）实验步骤和方法：根据具体的实验目的和原理来设计实验，写出主要的操作步骤。这是实验报告中比较重要的部分，通过它可以了解实验的全过程，明确每一步的目的，理解实验的设计原理，掌握实验的核心部分，形成科学的思维方法。在这一部分还应写出实验的注意事项，以保证实验顺利进行。

（6）实验记录：正确、如实地记录实验现象、数据，为表述准确应使用专业术语，尽量避免使用口语。这是报告的主体部分。即使得到的结果不理想，也不能修改，可以通过分析和讨论找出原因和解决的办法，培养实事求是、严谨的科学态度。

（7）实验结论和解释：对所进行的操作和观察到的现象，运用已知的化学知识去分析和解释，得出结论，这是实验联系理论的关键所在。

（8）思考题：根据实验内容、实验数据和现象完成实验教材中要求解答的思考题，这是对实验所涉及理论知识和技术方法的升华和拓展，可以锻炼和培养学生的科学思维和归纳总结能力。这部分是实验报告的重点和难点。

3. 撰写实验报告的注意事项

（1）以说明为主。实验报告应以说明为主，不用像记叙文一样进行生动、细致的描写，还要避免主观感受的出现。

（2）必须纪实，资料客观。实验报告所使用的资料都应是通过实验观察到的现象和获得的数据，这些内容应是客观、真实、确切的，不允许有半点虚假。

（3）尽量用图解辅助。图解可以增强实验报告的表达能力，比如有的实验装置较复杂，光靠文字无法很好地说明，如果用图解辅助就一目了然了；图解有时也可以省略烦琐的实验步骤的表达；非标准仪器必须进行图解说明，以使实验者对所用仪器有一个感性的认识。

（4）表达准确、简明。准确，就是按照实验的客观实际，选择符合学科特点的最恰当的词句科学地表达意思；简明，就是在说明问题时语言简洁明了，避免冗长的句子和啰唆、含糊的表达。

4. 实验报告的格式

实验报告的格式没有固定的要求，可以根据实验类型设计不同形式的实验报告。

常见的验证性实验由于实验内容较多且相互间无过多的联系，一般可以采用表格的形式。表格可以分成三大块:实验步骤、实验数据和现象、实验结论和解释,如表 2-1 所示。

表 2-1　表格示例

实验步骤	实验数据和现象	实验结论和解释

研究性、综合性和创新性实验可采用论文式实验报告,主要内容如下:① 选择该项实验课题的原因;② 实验采用的方法;③ 设计实验依据的原理;④ 实验步骤和实验记录;⑤ 实验结果和分析;⑥ 实验结论;⑦ 实验评价和讨论;⑧ 实验体会;⑨ 实验参考文献。

第 2 篇
化学工程与工艺实验实例

第 3 章　化工热力学实验

实验 1　二元体系气液平衡数据测定实验

一、实验目的

（1）了解和掌握用双循环气液平衡器测定二元体系气液平衡数据的方法。

（2）了解缔合系统气液平衡数据的关联方法，根据实验测得的 t、p、x、y 数据计算各组分的活度系数。

（3）学会绘制二元体系气液平衡相图。

二、实验原理

用循环法测定气液平衡数据的平衡器类型很多，但基本原理一致，如图 1 所示，当体系达到平衡时，容器 A、B 中的组成不随时间而变化，这时从两个容器中取样分析，可得到一组气液平衡数据。

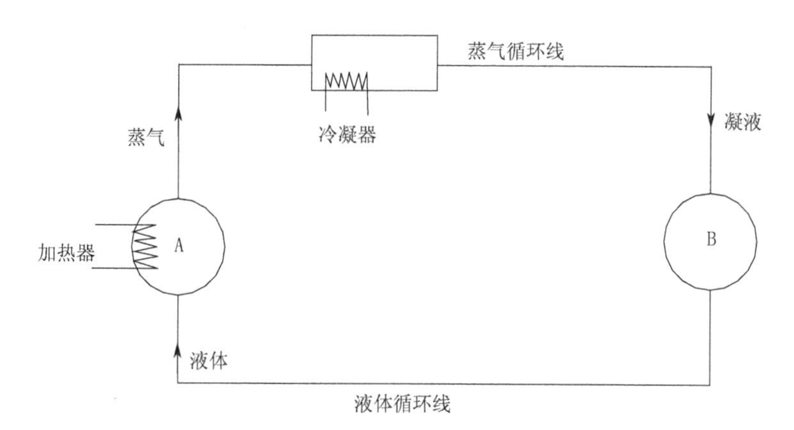

图 1　用循环法测定气液平衡数据的基本原理示意

三、实验仪器、装置与试剂

实验装置如图 2 所示，其主体为改进的 Rose（罗斯）平衡釜（气液双循环式平衡釜）。改进的 Rose 平衡釜的气液分离部分配有热电偶（配数显仪）用于测量平衡温度，沸腾器的蛇形玻璃管内插有 300 W 的电热丝用于加热混合液，其加热量由可调变压器控制。

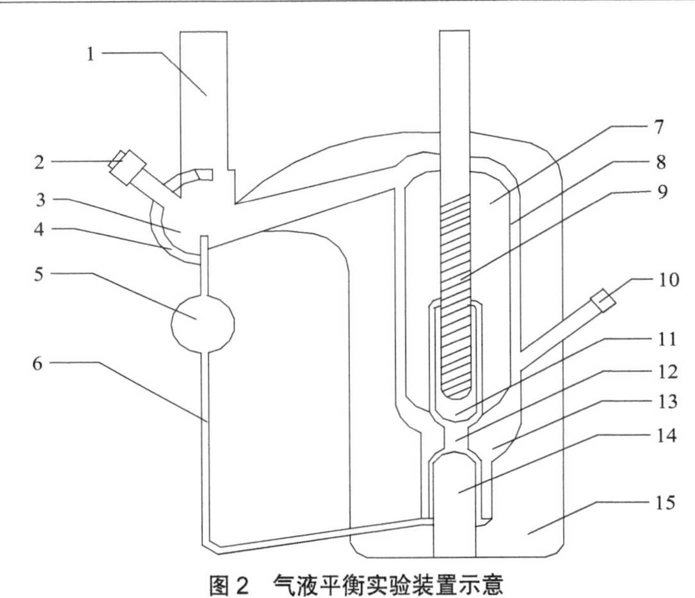

图 2　气液平衡实验装置示意

1—磨口；2—气相取样口；3—气相贮液槽；4—连通管；5—缓冲球；6—回流管；7—平衡室；8—钟罩；9—温度计套管；10—液相取样口；11—液相贮液槽；12—提升管；13—沸腾室；14—加热套管；15—真空夹套

四、实验步骤与方法

（1）加料。从加料口加入配制好的醋酸 - 水二元溶液，接通平衡釜的冷却水。

（2）加热。接通加热器电源，调节加热电压至 150~200 V，注意观察釜内液体的状态，釜液沸腾时降低加热电压至 50~100 V。

（3）控温。溶液沸腾，产生的气相经过冷凝器后又变为液相回流。起初平衡温度计的读数不断变化，调节加热量将冷凝液出现的速度控制在每分钟 30 滴左右。调节上、下保温的热量，使平衡温度逐渐趋于稳定，平衡温度稳定是平衡的主要标志。

（4）取样。在整个实验过程中必须注意蒸馏速度、平衡温度和气相温度，不断加以调整，经过 0.5~1 h 稳定（温度变化 ≤0.2 ℃）后，记录平衡温度。由于测定时平衡釜直接通大气，所以平衡压强为实验时的大气压，通过大气压力计读取大气压。用注射器从取样口迅速取一定量的气相产品和液相产品，取样前应先放掉少量残留在取样口的试剂，取样后要盖紧瓶盖，以防止样品挥发。

（5）分析。用色谱分析气、液两相组成，每一组分析两次，误差应小于 0.5%，得到气、液两相的质量分数 $w_{\text{HAc},气}$、$w_{\text{HAc},液}$。

（6）实验结束后，先把加热电压降低到 0 V，再切断电源，待釜内温度降至室温后关闭冷却水，整理实验仪器和实验台。

五、数据记录与处理

（1）平衡温度校正。

①实际温度的校正。

$$t_{实}=t_{观}+0.000\ 16n(t_{观}-t_{室})$$

式中　$t_{实}$——实际温度；

$t_{观}$——温度计指示值；

n——温度计套管外温度计的水银柱高度；

$t_{室}$——室温。

②沸点的校正。

$$t_p=t_{实}+0.000\ 125(t_{实}+273)(760-p)$$

式中　t_p——标准大气压(0.1 MPa)下的沸点；

p——实验时的大气压(换算为 mmHg)。

(2)根据 t_p、$w_{HAc,气}$、$w_{HAc,液}$，查相关资料(附录)计算下表中的参数，结果填在表中。

p_{0A}	n_{0B}	n_{0A1}	n_{A1}	n_{A2}	n_B	γ_A	γ_B

(3)在二元体系气液平衡相图中，将本实验附录 1 中的醋酸 - 水二元体系气液平衡数据作成光滑的曲线，并将本实验的数据标绘在相图上。

六、思考题

(1)为何液相中 HAc 的浓度高于气相中 HAc 的浓度？

(2)若改变实验压强，气液平衡相图将如何变化？试用简图表明。

七、注意事项

(1)平衡釜开始加热时电压不宜过高，以防物料冲出。

(2)平衡时间应足够长。

(3)取样前要检查取样瓶是否干燥，装样后取样瓶要保持密封，因为醋酸较易挥发。

八、附录

醋酸 - 水二元体系的气液平衡数据(表 1)。

表 1　醋酸 - 水二元体系的气液平衡数据

序号	t/℃	x_{HAc}	y_{HAc}	序号	t/℃	x_{HAc}	y_{HAc}
1	118.1	1.00	1.000	7	104.3	0.50	0.356
2	115.2	0.95	0.900	8	103.2	0.40	0.274
3	113.1	0.90	0.812	9	102.2	0.30	0.199
4	109.7	0.80	0.664	10	101.4	0.20	0.136
5	107.4	0.70	0.547	11	100.3	0.05	0.037
6	105.6	0.60	0.452	12	100.0	0	0

实验 2 三组分体系液液平衡数据测定实验

一、实验目的

（1）熟悉用三角形相图表示三组分体系组成的方法。

（2）掌握用浊点法和平衡釜法测定液液平衡数据的原理和实验操作，绘制环已烷 - 水 - 乙醇三组分体系液液平衡相图。

（3）使用气相色谱仪分析三组分体系的组成。

二、实验原理

1. 等边三角形相图的特点

如图 1（a）所示，设等边三角形的三个顶点 A、B 和 C 分别代表纯物质 A、B 和 C，则 AB、BC 和 CA 三条边分别代表二组分体系 A+B、B+C 和 C+A，三角形内部的各点代表三组分体系。将三角形的每一条边分成 100 等分，通过三角形内部任意一点 O 引平行于各边的直线 a、b 和 c，根据几何原理，$a+b+c=AB=BC=CA=100\%$，因此 O 点的组成可用 a'、b'、c' 表示，即 B%= b'，A%= a'，C%=c'。要确定 O 点的 B 组成，只需通过 O 点作 AC 的平行线，交 AB 于 D 点，AD 的长度即相当于 B%，A 组成和 C 组成的确定可类推。如果已知三组分体系中两个组分的组成，只需作两条平行线，其交点就是该体系的组成点。

如图 1（b）所示，通过顶点 B 向其对边引直线 BD，则 BD 上的各点所代表的混合物中 A、C 两个组分含量的比值保持不变（可通过三角形相似原理证明），即

$$a'/c'=a''/c''=\text{A\%/C\%}=\text{常数}$$

通过顶点 A、C 向其对边引直线可类推。

如图 1（c）所示，两个三组分混合物 D 和 E 混合后，其组成点必位于 D、E 两点的连线上，根据杠杆规则：

$$\frac{n(E)}{n(D)}=\frac{\overline{DO}}{\overline{OE}}$$

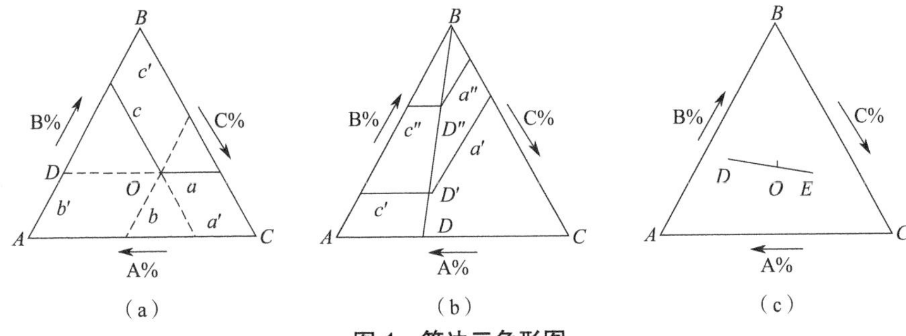

图 1 等边三角形图

（a）特点一 （b）特点二 （c）特点三

2. 环己烷 - 水 - 乙醇三组分体系液液平衡相图的绘制

在环己烷 - 水 - 乙醇三组分体系中，环己烷与水是不互溶的，而乙醇与水、乙醇与环己烷是互溶的。向体系中加入乙醇可促使环己烷与水互溶。由于乙醇在环己烷层与水层中非等量分配，代表两层组成的 a、b 两点的连线不一定和底边平行（图 2）。加入乙醇后体系的组成点为 c，平衡共存的两相叫共轭溶液。图中曲线以下的部分为两相共存区，其余部分为单相（均相）区。

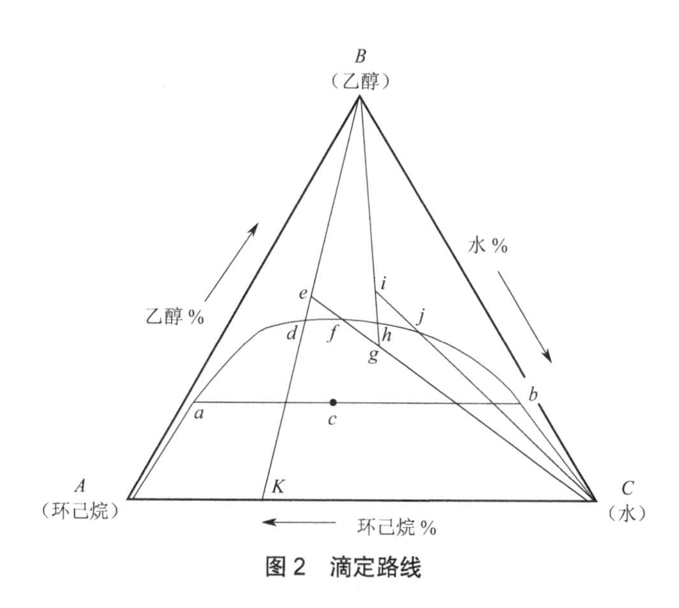

图 2　滴定路线

1）液液分层线的绘制

（1）浊点法。

有一环己烷 - 水二组分体系组成点为 K，向其中逐渐加入乙醇，则体系的组成沿 KB 变化（环己烷与水的比例保持不变），当组成点在曲线以下的区域内时，体系为互不混溶的两个共轭相，振荡则呈混浊状态。继续滴加乙醇直到曲线上的 d 点，体系发生突变，溶液由两相变为单相，外观由混浊变澄清。滴加少量乙醇到 e 点，体系仍为单相。再向溶液中逐渐加入水，体系的组成沿 eC 变化（环己烷与乙醇的比例保持不变），直到曲线上的 f 点，体系又发生突变，溶液由单相变为两相，外观由澄清变混浊。滴加少量水到 g 点，体系仍为两相。如此反复进行，可依次得到 d、f、h、j 等位于液液平衡线上的点，将这些点连接得到一条曲线，就是单相区和两相区的分界线——液液分层线。

（2）平衡釜法。

按一定的比例向液液平衡釜中加入环己烷、水和乙醇，在恒温下搅拌若干分钟，静置分层。取上、下两层液相分析其组成，得到第一组平衡数据；再滴加乙醇，重复上述步骤，进行第二组平衡数据的测定。如此反复进行，得到一系列两液相的平衡线（类似于图 2 中的 acb），将各平衡线的端点相连，就获得液液分层线。液液平衡釜的结构如图 3 所示。

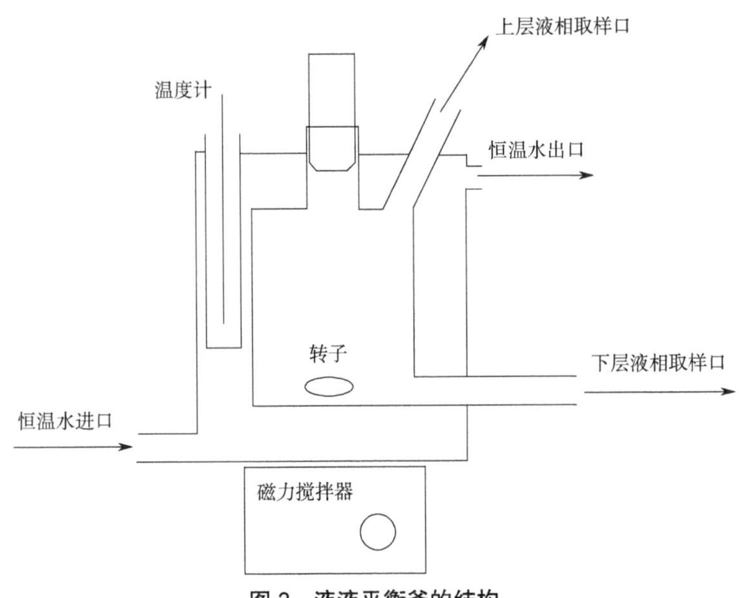

图 3　液液平衡釜的结构

2)结线的绘制

(1)浊点法。

根据溶液的清浊变化和杠杆规则得到。此法误差较大。

(2)平衡釜法。

上面得到的两液相的平衡线就是平衡共存的两液相组成点的连线——结线。

三、实验仪器、装置与试剂

(1)常规玻璃仪器:玻璃温度计(0~100 ℃)、酸式滴定管(50 mL)、刻度移液管(1 mL、2 mL)、锥形瓶(250 mL)、注射器(10 mL)等。

(2)实验装置:液液平衡釜一台、恒温水浴一台、磁力搅拌器一台、气相色谱仪一台(配色谱工作站)、精密天平一台。

(3)实验试剂:乙醇(分析纯)、环己烷(分析纯)和蒸馏水。

四、实验步骤与方法

(1)开启气相色谱仪,设定色谱条件,做好分析准备。

(2)浊点法绘制液液分层线。

用干燥的移液管取环己烷 2 mL、水 0.1 mL 放入干燥的锥形瓶中(液滴不要沾在锥形瓶内壁上),向 2 支滴定管中分别加入 20~30 mL 乙醇和水。用滴定管向锥形瓶中缓慢滴加乙醇(边加边摇动锥形瓶),至溶液恰由浊变清时记下加入的乙醇量。向此溶液中滴加乙醇 0.5 mL,再用滴定管向锥形瓶中缓慢滴加水(边加边摇动锥形瓶),至溶液恰由清变浊时记下加入的水量。如此反复进行实验,直至表 1 中的 10 组数据测完。滴定时要充分摇动溶液,但要避免液滴沾在瓶壁上。

（3）平衡釜法测定液液平衡数据。

用注射器向干燥的液液平衡釜中加入水、乙醇和环己烷各 10 mL（用精密天平准确称量）。开启恒温水浴，调节到实验温度，并向平衡釜的恒温水套中通入恒温水（测定室温下的平衡数据可不用恒温水浴）。开启磁力搅拌器，搅拌 20~30 min，静置 30 min 分层，取上层和下层样品进行色谱分析（可用微型注射器由上取样口直接取上、下两层样品，取样前微型注射器要用样品清洗 5~6 次）。滴加乙醇 5 mL 重复上述步骤，测第二组数据。如时间许可，可再加 5 mL 乙醇测第三组数据。有关数据记录于表 2 中。

五、数据记录与处理

（1）将终点时溶液中各组分的体积根据其密度（附录（1））换算成质量，求出其质量分数。

（2）将表 1 中的结果标在三角形相图上，连成一条平滑的曲线（液液分层线），并与附录（2）中的数据进行比较。将此曲线用虚线外延到三角形的两个顶点（100% 水和 100% 环己烷点），因为可认为在室温下水与环己烷完全不互溶。

（3）按表 2 中的实验数据和色谱分析结果计算出总组成、上层组成和下层组成，计算结果填入表 2 中，并标在三角形相图上。上层组成点和下层组成点应在液液分层线上，总组成点、上层组成点和下层组成点应在一条直线上。

表 1　浊点法绘制液液分层线

室温：______　　　大气压：______

序号	体积/mL					质量/g				质量分数/%			终点记录
	环己烷	水		乙醇		环己烷	水	乙醇	合计	环己烷	水	乙醇	
	合计	新加	合计	新加	合计								
1	2	0.1											清
2	2			0.5									浊
3	2	0.2											清
4	2			0.9									浊
5	2	0.6											清
6	2			1.5									浊
7	2	1.5											清
8	2			3.5									浊
9	2	4.5											清
10	2			7.5									浊

表 2 平衡釜法测定液液平衡数据

实验温度:__________

序号	质量/g				总组成/%			上层组成/%			下层组成/%		
	环己烷	水	乙醇	合计	环己烷	水	乙醇	环己烷	水	乙醇	环己烷	水	乙醇
1													
2													
3													

注:组成为质量分数。

六、思考题

(1)体系的组成点在曲线内与曲线外时,相数有何不同?

(2)用相律说明,当温度和压强恒定时,单相区和两相区的自由度各是多少?

(3)锥形瓶为什么要预先干燥?

(4)用水或乙醇滴定至溶液澄清或混浊以后,为什么还要继续滴加?这样做对实验结果有何影响?

(5)对用平衡釜法测定的液液平衡数据进行评价,试讨论引起误差的原因。

七、注意事项

(1)滴定管要干燥而洁净,下活塞不能漏液。滴加水或乙醇时速度不可过慢,但也不能快到连续滴下。锥形瓶要干净,加料和振荡后内壁不能挂液珠。

(2)用水(乙醇)滴定时如超过终点,可用乙醇(水)回滴几滴,记下各试剂的实际用量。在作最后几点(环己烷含量较低)时终点是逐渐变化的,需滴至溶液明显混浊再停止滴加。

(3)平衡釜搅拌速度应适当,要保持两液层完全混合,但也不能过分激烈,以免形成乳化液,造成分层困难。用微型注射器取样前,要用样品将微型注射器清洗数次。

八、附录

(1)水、乙醇、环己烷的密度(表 3)。

表 3 水、乙醇、环己烷的密度

温度/℃	水/(g/mL)	乙醇/(g/mL)	环己烷/(g/mL)
10	0.999 7	0.797 9	0.787
20	0.998 2	0.789 5	0.779
30	0.995 7	0.781 0	0.770

(2)25 ℃下乙醇 - 环己烷 - 水体系的液液平衡溶解度(表 4)。

表4 25℃下乙醇-环己烷-水体系的液液平衡溶解度 单位:%

序号	乙醇	环己烷	水
1	41.06	0.08	58.86
2	43.24	0.54	56.22
3	50.38	0.81	48.81
4	53.85	1.36	44.79
5	61.63	3.09	35.28
6	66.99	6.98	26.03
7	68.47	8.84	22.69
8	69.31	13.88	16.81
9	67.89	20.38	11.73
10	65.41	25.98	8.34
11	61.59	30.63	7.78
12	48.17	47.54	4.29
13	33.14	64.79	2.07
14	16.70	82.41	0.89

注:表中数据为质量分数。

实验3 二氧化碳临界状态观测和 p-V-t 关系测定实验

一、实验目的

(1)了解 CO_2 临界状态的观测方法,增加对临界状态概念的感性认识。

(2)加深对汽化、冷凝、饱和态和超临界流体等基本概念的理解。

(3)掌握 CO_2 的 p-V-t 关系的测定方法,熟悉通过实验测定真实气体状态变化规律的方法和技巧。

二、实验原理

纯流体处于平衡态时,其状态参数 p、V、t 之间存在以下关系:

$$f(p,V,t)=0$$

$$V=f(p,t)$$

由相律可知,在单相区,纯流体的自由度为2,当温度一定时,体积随压强而变化;在两相区,纯流体的自由度为1,当温度一定时压强一定,仅体积发生变化。本实验就是用定温的方法测定 CO_2 的 p 和 V 之间的关系,从而获得 CO_2 的 p、V、t 数据。

三、实验仪器、装置与试剂

实验装置由实验台本体、压力台、恒温浴和防护罩组成，如图 1 所示。实验台本体如图 2 所示。

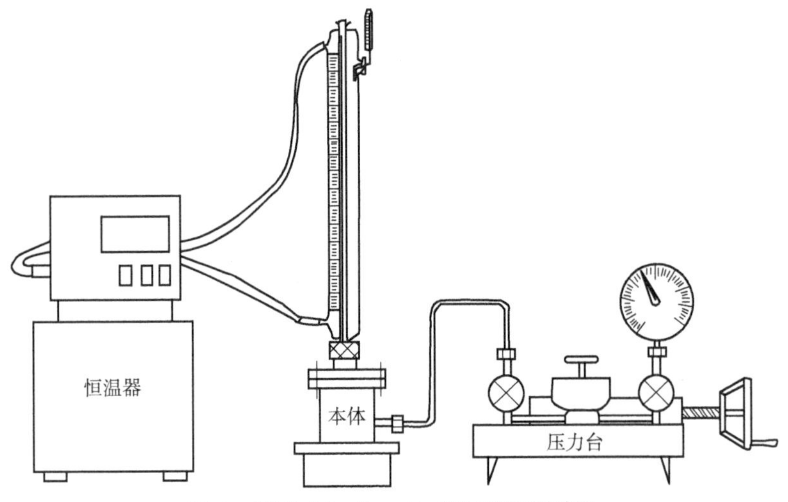

图 1 测定 CO_2 的 ***p-V-t*** 关系的实验装置

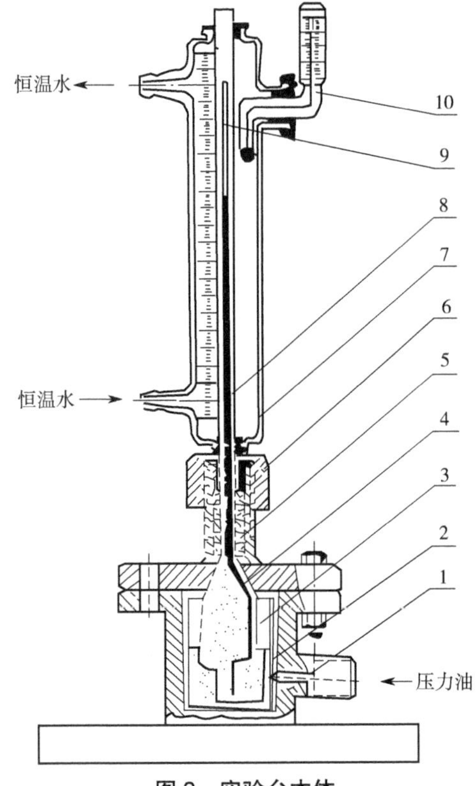

图 2 实验台本体

1—高压容器；2—玻璃杯；3—压力油；4—水银；5—密封填料；6—填料压盖；7—恒温水套；8—承压玻璃管；9—CO_2；10—温度计

在实验中由压力台送来的压力油进入高压容器和玻璃杯上半部，迫使水银进入预先装有 CO_2 气体的承压玻璃管（毛细管），CO_2 被压缩，其压强和体积通过压力台上的活塞杆进退来调节，温度由恒温水套的水温调节，水套中的恒温水由恒温浴供给。

CO_2 的压强由压力台上的精密压力表读出（绝对压强 = 表压 + 大气压），温度由恒温水套内的精密温度计读出，比容根据 CO_2 柱的高度和质面比常数计算出。

四、实验步骤与方法

（1）接通恒温浴电源，调节恒温水的温度至达到所要求的实验温度（以恒温水套内的精密温度计为准）。

（2）加压前的准备——抽油充油操作。

①关闭压力表及其与本体油路相通的两个阀门，打开压力台上的油杯的进油阀。

②摇退压力台上的活塞杆，直至螺杆全部退出。此时压力台上的油筒中抽满了油。

③先关闭油杯的进油阀，然后打开压力表及其与本体油路相通的两个阀门。

④摇进活塞杆，使本体充油，直至压力表上有读数显示，毛细管下部出现水银为止。

⑤如活塞杆已摇进到头，压力表上还无读数显示，毛细管下部还未出现水银，则重复步骤①～④。

⑥检查油杯的进油阀是否关闭，压力表及其与本体油路相通的两个阀门是否打开，温度是否达到所要求的实验温度。如条件均已调定，则可进行实验测定。

（3）测定承压玻璃管（毛细管）内 CO_2 的质面比常数 K。

（4）测定低于临界温度的等温线（t = 20 ℃或 25 ℃）。

①将恒温水套的水温调至 20 ℃或 25 ℃，并保持恒定。

②起始压强为 4.0 MPa（毛细管下部出现水银），读取水银柱上端液面的刻度，记录第一个数据点。

③将压强提高 0.3 MPa，达到平衡时读取水银柱上端液面的刻度，记录第二个数据点。注意：加压时应足够缓慢地摇进活塞杆，以保证恒温条件。

④以 0.3 MPa 的间隔逐次提高压强并测量数据点，直到出现第一滴 CO_2 液体为止。

⑤在此阶段要注意压强改变后 CO_2 状态的变化，特别是要测准出现第一滴 CO_2 液体、最后一个 CO_2 气泡消失时的压强和水银柱上端液面的刻度。此阶段压强改变应很小，要交替进行升压和降压操作，压强应按出现第一滴 CO_2 液体和最后一个 CO_2 气泡消失的具体条件进行调整。

⑥在 CO_2 全部液化后，继续以 0.3 MPa 的间隔升压，直到压强达到 8.0 MPa 为止。

（5）测定临界等温线和临界参数，观察临界现象。

①测定临界等温线和临界参数。将恒温水套的水温调至 31.1 ℃，按步骤（4）的方法测定临界等温线。在曲线的拐点（p=7.376 MPa）附近应缓慢调整压强（调压间隔可为 0.05 MPa），以较准确地确定临界压强和临界比容。

②观察临界现象。

a. 临界乳光现象。

保持临界温度不变，摇进活塞杆使压强升至 p_c 附近，然后突然摇退活塞杆（注意勿使实验台本体晃动）降压，此时承压玻璃管内将出现圆锥形的乳白色闪光，这就是临界乳光现象。这是由 CO_2 分子受重力场作用沿高度方向分布不均和光的散射造成的。

b. 整体相变现象。

在临界点附近汽化热接近于零，饱和蒸气线与饱和液体线近乎合于一点。此时气液的相互转变不像在临界点以下时那样需要一定的时间，表现为一个渐变的过程，而是当压强稍有变化时以突变的形式进行。

c. 气液两相模糊不清现象。

处于临界点附近的 CO_2 具有相同的参数（p、V、t），不能区别此时 CO_2 是气态还是液态。如果说它是气体，那么这气体是接近液态的气体；如果说它是液体，那么这液体是接近气态的液体。

（6）测定高于临界温度的等温线（$t = 40$ ℃）。

将恒温水套的水温调至 40 ℃，按步骤（4）的方法测定。

五、数据记录与处理

1）数据记录

实验数据记录在表 1、表 2 中。

表 1　不同温度下 CO_2 的 p、V 数据

室温：____℃　大气压：______MPa　毛细管内水银柱上端液面的刻度 h_0：_____ mm　质面比常数 K：______

序号	t=25 ℃				t=31.1 ℃				t=40 ℃			
	$p_绝$/MPa	Δh/mm	$V=\Delta h/K$	现象	$p_绝$/MPa	Δh/mm	$V=\Delta h/K$	现象	$p_绝$/MPa	Δh/mm	$V=\Delta h/K$	现象
1												
2												
3												
4												
5												
6												
7												
8												
9												
10												
11												
12												
13												
14												
15												
	等温实验时间 =　　min				等温实验时间 =　　min				等温实验时间 =　　min			

表 2　CO_2 的临界比容 V_c　单位:m³/kg

标准值	实验值	$V_c=RT_c/p_c$	$V_c=3RT_c/(8p_c)$
0.002 16			

2)数据处理

(1)根据 25 ℃、7.8 MPa 下 CO_2 液柱的高度计算承压玻璃管(毛细管)内 CO_2 的质面比常数。

(2)根据表 1 中的 Δh 计算不同压强 p 下 CO_2 的体积 V,计算结果填入表 1。

(3)根据表 1 中三个温度下 CO_2 的 p、V、t 数据在 p-V 坐标系中画出三条等温线。

(4)将实验得到的等温线与图 3 中的等温线相比较,分析二者的差异和产生差异的原因。

(5)估算 25 ℃下 CO_2 的饱和蒸气压,并与 Antoine(安托万)方程的计算结果进行比较。

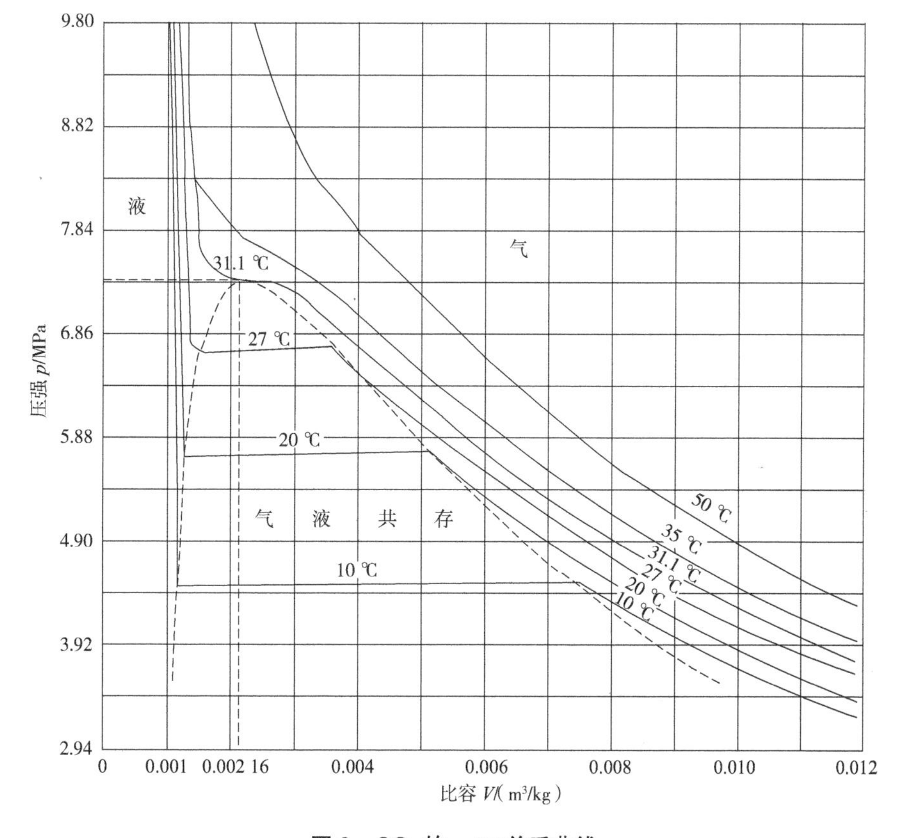

图 3　CO_2 的 p-V-t 关系曲线

六、思考题

(1)质面比常数 K 对实验结果有何影响?为什么?

(2)本实验的误差来源有哪些?如何使误差尽量减小?

(3)为什么测定 25 ℃下的等温线时,严格来讲出现第一个液滴时的压强和最后一个气泡消失时的压强相等?

七、注意事项

（1）实验压强不能超过 8 MPa，实验温度不能高于 40 ℃。

（2）应缓慢摇进活塞杆，否则体系来不及达到平衡，难以保证恒温恒压条件。

（3）一般以 0.3~0.5 MPa 的间隔升压，但在将要出现液相、存在气液两相、气相将完全消失和接近临界点时，升压间隔要很小，升压速度要缓慢。严格来讲，温度一定时，在气液两相同时存在的情况下，压强应保持不变。

（4）要准确测出 25 ℃、7.8 MPa 下 CO_2 液柱的高度，25 ℃下出现第一个液滴时的压强和水银柱上端液面的刻度，最后一个气泡消失时的压强和水银柱上端液面的刻度。

（5）由压力表读得的数据是表压，在数据处理时应采用绝对压强（表压 + 大气压）。

八、附录

（1）CO_2 的物性数据。

T_c=304.25 K，p_c = 7.376 MPa，V_c= 0.094 2 m³/kmol，M=44.01。

（2）Antoine 方程。

$$\lg p^s = A - B/(T+C)$$

式中：p^s 的单位为 kPa，T 的单位为 K（T=273~304 K），A = 7.763 31，B = 1 566.08，C = 97.87。

实验 4　制冷/热泵循环效率测定实验

一、实验目的

（1）演示制冷（热泵）循环系统的工作原理，观察制冷工质的蒸发、冷凝过程和现象。

（2）熟悉制冷（热泵）循环系统的操作、调节方法。

（3）进行制冷（热泵）循环系统的粗略热力计算。

二、实验原理

装置原理如图 1 和图 2 所示。当系统进行制冷（热泵）循环时，换热器 1 为蒸发器（冷凝器），换热器 2 为冷凝器（蒸发器）。

三、实验仪器、装置与试剂

实验装置如图 3 所示。由全封闭压缩机、换热器 1、换热器 2、压缩机、电磁阀换向阀和管路等组成制冷（热泵）循环系统；由供水循环水泵、转子流量计、储水箱和换热器内盘管等组成水换热系统；还设有温度、压强、电流、电压等的测量仪表。制冷工质采用低压工质 R11。

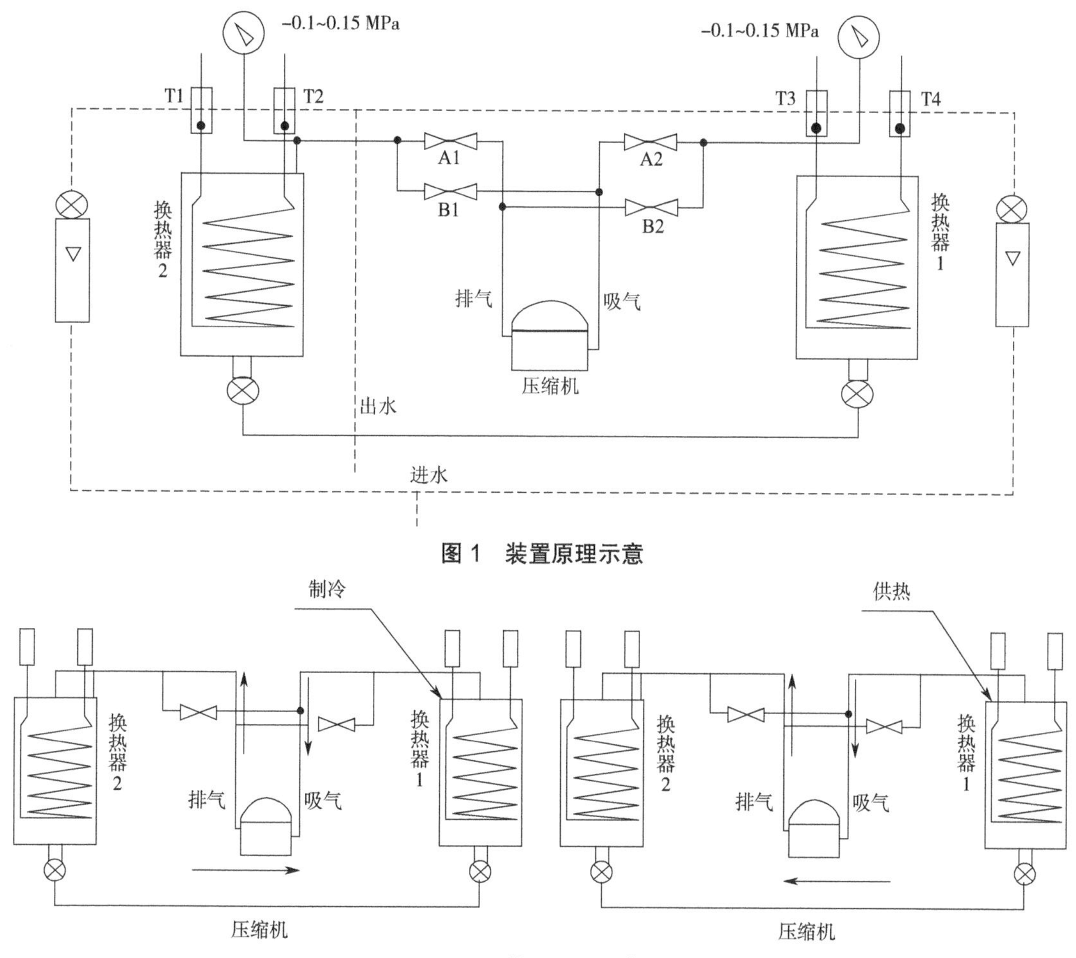

图1 装置原理示意

图2 装置原理示意

四、实验步骤与方法

1)制冷循环演示

(1)打开总电源、屏幕电源和水泵开关,进入制冷循环演示状态。

(2)打开连接演示装置的供水阀门,适当调节蒸发器、冷凝器的水流量。

(3)开启压缩机,手动调节针形节流阀直至系统稳态运行,并观察工质的蒸发、冷凝过程和现象。

(4)待系统运行稳定后即可记录压缩机的输入电流、电压,冷凝压强、蒸发压强,冷凝器、蒸发器的进出口水流量等参数。

(5)做完制冷循环演示后关闭压缩机,5 min 后再进行热泵循环演示。

2)热泵循环演示

(1)进入热泵循环演示状态。

(2)按制冷循环演示的步骤②~④进行操作和记录。

五、数据记录与处理

1)系统进行制冷循环时

换热器 1 的制冷量为

$$Q_1=G_1c_p(t_1-t_2)+q_1$$

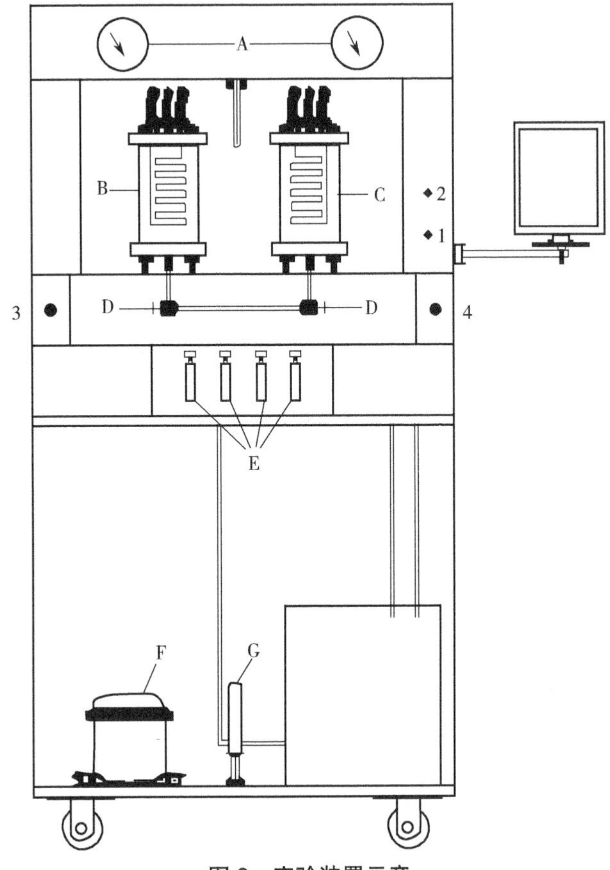

图 3 实验装置示意

A—压力表;B—冷凝(蒸发)器;C—蒸发(冷凝)器;D—针形节流阀;E—电磁阀换向阀;F—压缩机;G—水泵
1—电源开关;2—水泵开关;3—冷凝(蒸发)器水流量调节阀;4—蒸发(冷凝)器水流量调节阀

式中 G_1——换热器 1 的水流量;

c_p——水的比定压热容;

t_1——换热器 1 的进水温度;

t_2——换热器 1 的出水温度;

q_1——换热器 1 的热损失。

换热器 2 的换热量为

$$Q_2=G_2c_p(t_3-t_4)+q_2$$

式中 G_2——换热器 2 的水流量;

t_3——换热器 2 的进水温度;

t_4——换热器 2 的出水温度；

q_2——换热器 2 的热损失。

热平衡误差为

$$\Delta = \frac{Q_1 - (Q_2 - N)}{Q_1} \times 100\%$$

制冷系数为

$$\varepsilon = \frac{Q_1}{N}$$

式中　N——压缩机的轴功率。

2）系统进行热泵循环时

换热器 1 的制热量为

$$Q_1' = G_1' c_p (t_1 - t_2) + q_1$$

换热器 2 的换热量为

$$Q_2' = G_2' c_p (t_3 - t_4) + q_2$$

热平衡误差为

$$\Delta' = \frac{Q_1' - (Q_2' - N)}{Q_1'} \times 100\%$$

制热系数为

$$\varepsilon' = \frac{Q_1'}{N}$$

六、思考题

（1）分析实验结果，指出影响制冷系数、制热系数的测定精度的因素。

（2）本系统运行参数的调节手段是什么？

七、注意事项

（1）为确保安全，切忌冷凝器不通水或在无人照管的情况下长时间运行。

（2）实验结束后先关闭压缩机，1 min 后再关闭供水阀门。

第4章　化工分离技术实验

实验5　渗透蒸发分离己内酰胺水溶液实验

一、实验目的

(1)了解渗透蒸发分离技术的特点。

(2)掌握渗透蒸发分离的主要工艺过程。

二、实验原理

液体混合物的分离常常采用蒸馏的方法,但是当两种液体的性质十分接近或形成共沸物时,用蒸馏的方法就很难将它们分离了。近年来,人们采用一种新的膜分离技术——渗透蒸发来分离液体混合物,它的优点是操作简单,能耗低,三废污染少。渗透蒸发的应用范围主要有:有机溶剂脱水制无水试剂(如醇、酮、醚、酸、酯、胺等),有机水溶液的浓缩,从水溶液或污水中提取有机物(如酯、含氯有机物、香精等),有机溶剂混合物的分离。

渗透蒸发是利用膜对液体混合物中各组分的溶解与扩散性能不同来实现分离的膜过程,该过程伴有组分的相变过程。渗透蒸发膜分离过程是一个溶解、扩散、脱附的过程。

溶解过程发生在液体介质中和膜表面。当溶液与膜接触时,溶液中的各组分因在膜中的溶解度不同,相对比例会发生变化。通常选用的膜对混合物中含量较少的组分有较好的溶解性,因此该组分在膜中得到富集。混合物中的组分在膜中的溶解度差别越大,膜的选择性就越好,分离效果也就越好。

在扩散过程中,溶解在膜中的组分在蒸气压的推动下从膜的一侧迁移到另一侧。由于液体组分在膜中的扩散速度与它们在膜中的溶解度有关,溶解度较大的组分往往有较大的扩散速度。因此该组分被进一步富集,分离系数进一步提高。最后,到达膜的真空侧的液体组分全部汽化,并被冷凝收集。

只要真空泵的压强低于液体组分的饱和蒸气压,脱附过程对膜的选择性的影响就不大。

用以衡量渗透蒸发膜的性能的主要参数有两个。一个是分离因子,另一个是渗透通量。

分离因子

$$\alpha=(Y_A/Y_B)/(X_A/X_B)$$

式中　Y_A、Y_B——渗透液中A、B的质量分数;

X_A、X_B——待分离液中A、B的质量分数。

当α=1时膜没有渗透选择性,α偏离1的程度越高,膜的渗透选择性越好。

渗透通量是每小时被单位面积的膜脱除的渗透液的质量,用J来表示。

J = 渗透液的质量/(时间 × 面积)

在实验中可通过测定单位时间单位面积膜上通过的物质的质量得到渗透通量。

渗透蒸发膜是一种致密的无孔高分子薄膜,它必须在溶液中有很高的机械强度和很好的化学稳定性,同时必须具有很好的选择性和透过性,以获得尽可能好的分离效果。

根据膜材料的化学性质和组成,渗透蒸发膜可分为亲水膜(水优先透过膜)和亲油膜(有机溶剂优先透过膜)两大类。前者主要用于从有机溶剂中脱除水分,而后者则用于从水溶液中脱除有机物或有机溶剂混合物的分离。常用的亲水膜材料有聚乙烯醇、聚丙烯酸、聚丙烯腈、壳聚糖和高分子电解质。常用的亲油膜材料有硅橡胶、聚烯烃、聚醚酰胺等。

致密膜的透过性很差,因此用于渗透蒸发的膜必须尽可能做得很薄,以提高单位面积膜的生产能力。真正有应用价值的渗透蒸发膜厚度仅为几微米。为了使超薄膜有足够的机械强度,必须用微孔膜支撑,制成具有多层结构的复合膜。

壳聚糖是甲壳质脱乙酰化产物。甲壳质是从甲壳类、昆虫类动物和霉菌的细胞壁中提取的多糖类物质,是一种低等动植物的组成成分。壳聚糖这种亲水性材料由多糖构成,分子内含有羟基和氨基等易反应的基团,有利于用各种技术进行改性,如交联、共聚、共混、离子化、壳聚糖分子链上的—NH_2 与过渡金属离子形成配位络合物等,从而制成不同用途的壳聚糖膜。壳聚糖膜这种新型膜制备简单,易于成膜,具有良好的透过性能和物理机械性能,抗张强度高,韧性好,具有较强的耐碱性和耐有机溶剂性,交联后具有一定的耐酸性。

三、实验仪器、装置与试剂

(1)实验仪器有阿贝折光仪、电子天平等。

(2)实验装置如图 1 所示。

(3)实验试剂有 60% 的己内酰胺溶液、丙酮等,渗透蒸发膜采用 1.2% 的柠檬酸加壳聚糖,底膜为聚丙乙腈的复合膜。

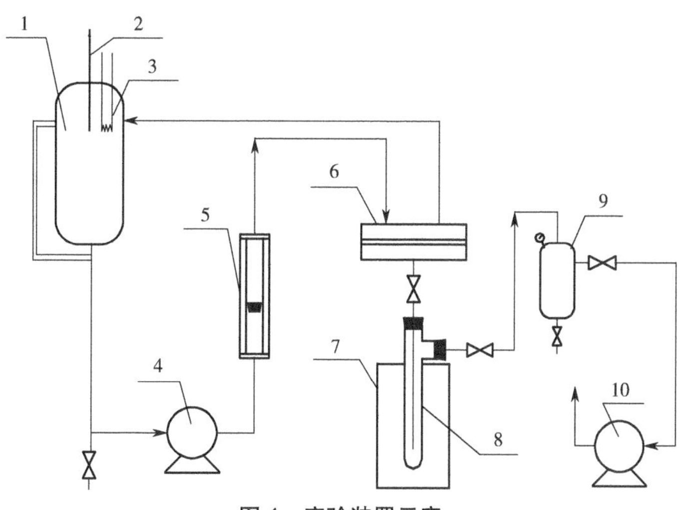

图 1　实验装置示意

1—料液罐;2—热电偶;3—电加热器;4—进料泵;5—转子流量计;6—膜组件;7—液氮冷阱;8—渗透液收集管;9—缓冲罐;10—真空泵

四、实验步骤与方法

料液从料液罐(约 15 L)经进料泵进入膜组件的料液侧,之后返回料液罐循环使用。膜组件的进口和出口都装有热电偶,料液的温度由控温仪控制,膜室的温度取进出口温度的算术平均值。料液的流量由转子流量计读出,上游侧的压强为常压,下游侧的压强由真空泵控制,由真空表读出。在高的真空度下,渗透液被冷阱冷凝收集,冷却介质为液氮。

(1)向料液罐中加入 60% 的料液,料液要没过电加热器,以免电加热器过热损坏。将膜装入膜组件,拧紧螺栓,先将料液的温度调至 40 ℃,再开启电加热器,打开料液泵,使料液的温度和浓度趋于均匀,膜在料液侧溶胀 30 min 以上。

(2)用阿贝折光仪测定料液的折光率。

(3)将渗透液收集管用电子天平称重后放入冷阱,安装到管路中,检漏。

(4)当料液温度和系统稳定后,开启真空泵,同时记录开始时间,读取料液温度、渗透侧压强、料液流量等读数。

(5)每隔 5 min 将冷阱中的渗透液收集管取出检查是否堵塞。

(6)严格控制时间到 1 h 后,关闭真空泵,立即取出渗透液收集管,在室温下待渗透液融化后擦净管外壁上的冷凝小水滴,然后称重,并测定料液和渗透液的折光率。

(7)分别将温度升至 45 ℃和 50 ℃,按上述方法测定不同温度下渗透液的质量、折光率和料液的折光率。

(8)打开缓冲罐下的放空阀,关闭真空泵。

五、数据记录与处理

1)阿贝折光仪的标准浓度曲线(表 1)

表 1 阿贝折光仪的标准浓度曲线

己内酰胺浓度	折光率			
	①	②	③	平均值
0%				
5%				
10%				
20%				
30%				
40%				
50%				
60%				
70%				

2)原始数据表(表 2)

表 2　原始数据表

料液流量:________　渗透压:______　膜面积:________

T/℃	t_1	t_2	m_1/g	m_2/g	料液折光率				渗透液折光率		
					①	②	③	④	①	②	③
45											
50											
55											

3)料液的折光率与温度的关系(表 3)

表 3　料液的折光率与温度的关系

T/℃	料液折光率(反应前)			料液折光率(反应后)			料液折光率平均值
	①	②	平均值	①	②	平均值	
45							
50							
55							

4)渗透液的折光率与温度的关系(表 4)

表 4　渗透液的折光率与温度的关系

T/℃	渗透液折光率			
	①	②	③	平均值
45				
50				
55				

5)渗透通量和分离因子(表 5)

表 5　渗透通量和分离因子

T/℃	料液质量分数/%	渗透液质量分数/%	渗透通量/(kg/(m^2·h))	分离因子
45				
50				
55				

六、思考题

该体系的优先渗透组分是哪个？为什么选择这个组分优先渗透？

七、注意事项

（1）不能在加料、搅拌、停止加料等操作之前关闭真空泵。

（2）冷阱内的液氮不能添加过满，以防止溢出伤人。

实验6　萃取精馏制无水乙醇实验

一、实验目的

（1）熟悉萃取精馏塔的结构和各部件的作用。

（2）掌握萃取精馏的原理和萃取精馏塔的正确操作。

（3）掌握以乙二醇为萃取剂萃取精馏制无水乙醇的方法。

（4）了解萃取精馏与普通精馏的区别和萃取精馏适用的物系。

（5）掌握乙醇水溶液的气相色谱分析方法，学会求取分析物的液相校正因子和计算其含量。

二、实验原理

精馏是化工工艺过程中重要的单元操作，是化工生产中不可缺少的手段。萃取精馏是精馏的特殊形式，是向待分离的混合物中加入某种添加剂，以提高混合物中各组分间的相对挥发度（添加剂不与混合物中的任一组分形成恒沸物），从而使混合物的分离变得容易。所加入的添加剂为挥发度很低的溶剂（萃取剂），其沸点高于混合物中各组分的沸点。

萃取精馏对相对挥发度较低的混合物是有效的。例如：异辛烷 - 甲苯物系相对挥发度较低，用普通精馏方法不能分离出较纯的组分，因此可使用苯酚做萃取剂，从近塔顶处连续加入，从而改变物系的相对挥发度，苯酚的挥发度很低，可和甲苯一起从塔底排出，并通过一个普通精馏塔分离开来。又如：水 - 乙醇物系用普通精馏方法只能得到最大浓度为95.5%的乙醇，当采用乙二醇做萃取剂时能破坏共沸状态，乙二醇和水从塔底排出，则水被分离出来。再如：甲醇 - 丙酮物系有共沸组成，用普通精馏方法只能得到最大浓度为87.9%的丙酮，当采用极性介质水做萃取剂时同样能破坏共沸状态，水和甲醇从塔底排出，则甲醇被分离出来。

向共沸物系中加入溶剂后，溶剂分子与物系中的各组分分子发生不同的作用，主要改变了各组分分子间的作用力，从而改变了组分的活度。分子间的作用力可分为物理作用、氢键与络合作用。

（1）物理作用主要是范德华力，它包括取向力、诱导力和色散力。取向力即极性分子由于永久偶极矩产生的静电引力，它和偶极矩、温度有关；极性分子由于永久偶极矩在电场作用下将邻近的分子极化，从而使邻近的分子产生诱导偶极矩，进而产生了诱导力；极性分子的正负电荷中心的相对位置瞬间发生变化，产生了瞬时偶极矩，使周围的分子被极化，被极化的分子反过来使瞬时偶极矩增大，从而产生了色散力。

（2）分子中的氢原子与一个电负性极强的原子以共价键结合，电负性极强的原子将共用电子对强烈吸引过来，使氢原子的原子核几乎“裸露”出来，这个带正电的原子核与另一个分子中电负性较强的原子以分子间力相结合，就形成了氢键。

（3）含有孤对电子的分子或离子与具有空的电子轨道的中心原子或离子之间发生电子转移，形成配位键，生成络合物，这就是络合作用。

溶剂分子与共沸物组分分子以范德华力、氢键、络合作用等分子间力相作用，溶剂分子对不同组分分子的作用力（约束力）大小不同，约束力大的组分活度系数减小，约束力小的组分活度系数增大，从而改变了被分离物系组分间的相对挥发度。

在萃取精馏过程中，物理作用、氢键和络合作用是同时存在的，但不同体系中各种作用的大小是不同的。如向乙醇 - 水体系中加入乙二醇，氢键起主要作用；向甲基环已烷 - 甲苯体系中加入苯酚，色散力起主要作用。

萃取精馏的操作条件比较复杂，萃取剂用量、料液比例、进料位置、塔的高度等都对操作有影响，可通过实验或计算得到最佳值。

对萃取精馏，要选择一种适宜的溶剂应遵循以下原则。

（1）溶剂应具有尽可能好的选择性，即加入后能有效地使物系的相对挥发度向分离要求的方向变化。

（2）溶剂应具有较好的溶解性，即能与原物系充分混合，以保证足够小的溶剂比和较高的塔板效率。

（3）溶剂不能与组分发生化学反应。

（4）溶剂应具有较好的热稳定性和化学稳定性。

（5）溶剂应具有较低的比热和蒸发潜热，以降低精馏的能耗。

（6）溶剂应具有较小的摩尔体积，以减小塔釜体积和塔体持液量。

（7）溶剂的黏度不宜太大，以便于物料输送，达到较高的传质、传热效率。

（8）溶剂应尽可能无毒、无腐蚀性，且价格经济，容易得到。

乙醇 - 水二元体系能够形成恒沸物（在常压下，恒沸物中乙醇的质量分数为 95.57%，恒沸点为 78.15 ℃），用普通精馏方法难以完全分离。本实验以乙二醇为萃取剂，采取萃取精馏方法分离乙醇 - 水二元混合物制取无水乙醇。

压强较低时，物系中轻组分（组分 1）和重组分（组分 2）的相对挥发度可表示为

$$\alpha_{12}=\frac{p_1^s\gamma_1}{p_2^s\gamma_2}$$

式中　p_1^s、p_2^s——组分 1、组分 2 的饱和蒸气压；

γ_1、γ_2——组分 1、组分 2 的活度。

加入萃取剂 S 后，组分 1 和组分 2 的相对挥发度为

$$(\alpha_{12})_S = \left(\frac{p_1^s}{p_2^s}\right)_S \left(\frac{\gamma_1}{\gamma_2}\right)_S$$

式中 $(p_1^s/p_2^s)_S$——加入萃取剂 S 后,在三元混合物的泡点下组分 1 和组分 2 的饱和蒸气压之比;

$(\gamma_1/\gamma_2)_S$——加入萃取剂 S 后,在三元混合物的泡点下组分 1 和组分 2 的活度之比。

$(\alpha_{12})_S/\alpha_{12}$ 叫作溶剂 S 的选择性,它反映了溶剂改变组分间的相对挥发度的能力。$(\alpha_{12})_S/\alpha_{12}$ 越大,组分间的相对挥发度越高。

三、实验仪器、装置与试剂

(1)实验装置如图 1 所示。其中精馏塔塔体由玻璃制成,塔外壁有采用新保温技术制成的透明导电膜,在装置运行时可通电加热,以抵消热损失,起到保温作用。塔壁上开有五个侧口,可供进料和取样用。塔的外部还罩有玻璃套管,既能绝热又能观察到塔内的气液流动情况。另外,还配有玻璃塔釜、塔头和温度控制、温度显示、回流控制等部件。精馏塔的规格如表 1 所示。

表 1 精馏塔的规格

塔釜	塔体	塔头
500 mL	内径 20 mm,高 1.4 m,开有五个侧口,供进料和取样用,透明镀膜保温	回流比调节

在萃取精馏过程中,以液体的势能差为动力进料,用转子流量计测定进料流量。萃取剂乙二醇从塔体上方进料,乙醇水溶液则根据其浓度在塔体下方选择合适的进料位置。塔顶采出液用气相色谱分析其乙醇浓度,塔釜液主要含有乙二醇、少量水和乙醇。

(2)实验试剂:乙醇,化学纯,纯度 95%;乙二醇,化学纯,水含量 $<0.3\%$;去离子水。

四、实验步骤与方法

(1)前期准备。按照装置流程图安装好实验设备,要特别注意玻璃法兰接口处,在各塔节连接处放好垫片,仔细对正,小心地拧紧带螺纹的压帽(不要用力过猛以防损坏),调整塔体使其与地面垂直,之后调节升降台的距离,使加热包与塔釜接触良好(不能让塔釜受压),再连接好塔头(不要固定得过紧而使其受力)和塔头的冷却水进出口胶管,最后将原料罐和转子流量计相连。

(2)加料。首先向精馏塔塔釜加入少许沸石,以防止塔釜液暴沸,然后向塔釜加入乙二醇 60 mL;向乙二醇原料罐加入 500 mL 分析纯乙二醇,向乙醇水溶液原料罐加入 500 mL 乙醇水溶液(乙醇的质量分数为 61%,水的质量分数为 39%)。乙二醇从塔体最上端的侧口进料,乙醇水溶液从塔体下端的侧口进料。

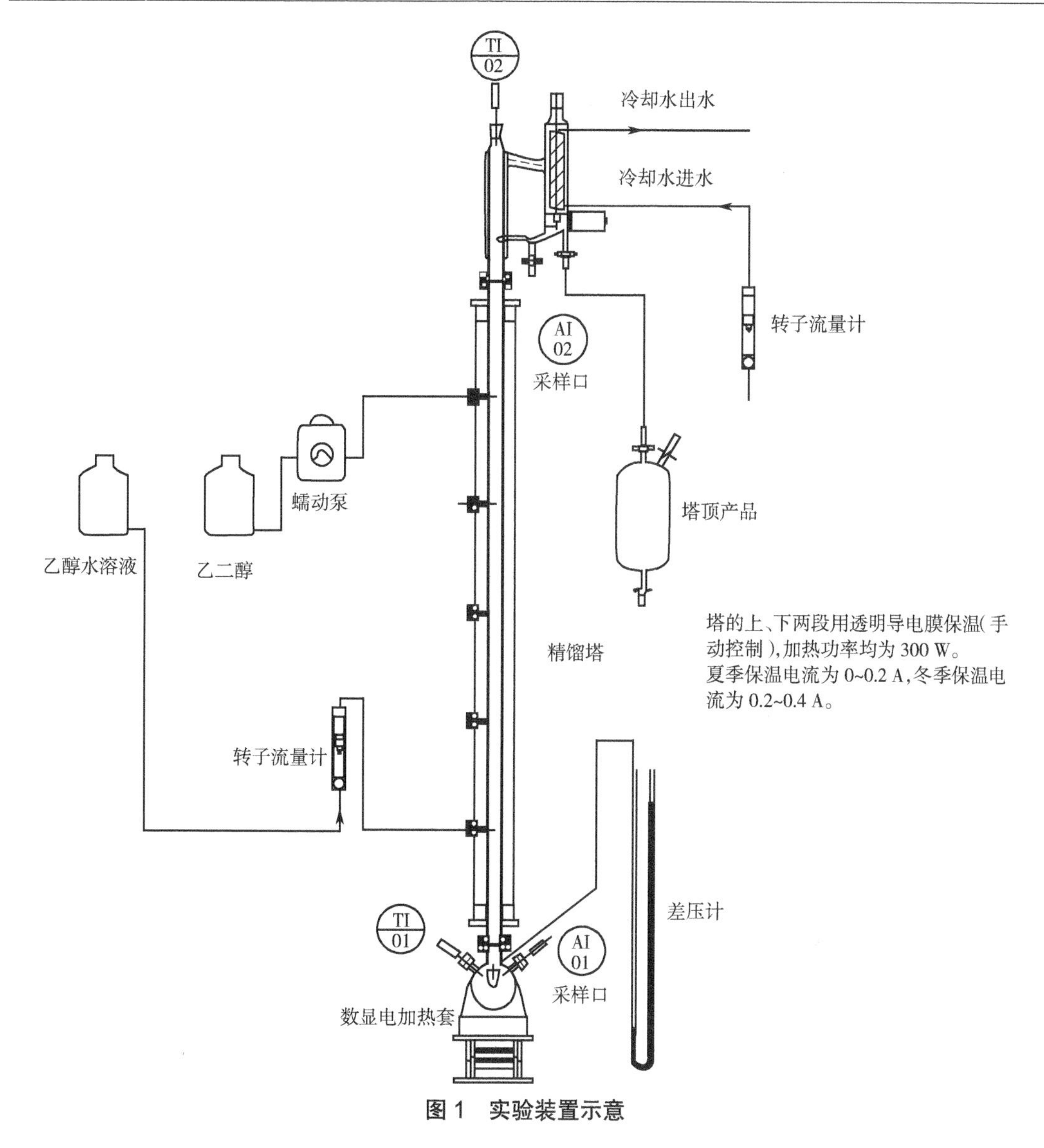

图 1　实验装置示意

(3)升温。开启总电源,开启仪表电源,观察各测温点指示是否正常。开启精馏塔塔釜加热电源,调节电流给定旋钮,则开始加热时可稍微调大一些(2.5 A 左右),然后边升温边调小,当塔顶有冷凝液时调为 1~2 A。当塔釜液开始沸腾时,打开上、下段保温电源,将保温电流调为 0.1~0.4 A。

(4)萃取精馏。调节转子流量计,使得乙二醇进料速度维持在 2.1 mL/min,乙醇水溶液进料速度维持在 1.0 mL/min。当塔顶开始有液体回流时,打开回流比调节电源,将回流比调为 2,用量筒收集塔顶产品并计时,要随时检查进出物料的平衡情况,调节进料速度或蒸发量,此外还要调节塔釜液排出量,大体维持液面稳定。塔釜液排出方法:开启真空泵,渐开阀门,然后打开精馏塔塔釜与回收塔塔釜间的胶管上的 T 形夹,使精馏塔塔釜内的液体流入回收塔塔釜。

(5)停止实验。先关闭进料阀门,停止进料,然后关闭加热电源和保温电源,停止加热和保温。待塔顶没有液体回流时,关闭冷却水。取出塔中的各部分液体进行称量,并进行物料衡算。

(6)可改变实验条件,如回流比、乙二醇和乙醇水溶液的进料速度和比例,重复步骤(2)~(5)。

五、数据记录与处理

1)数据记录

精馏塔操作记录如表2所示。

表2　精馏塔操作记录

实验日期:＿＿＿＿＿　室温:＿＿＿＿＿　大气压:＿＿＿＿＿

塔釜加料量:＿＿＿＿＿g　原料中乙醇的质量分数:＿＿＿＿＿　乙二醇中水的质量分数:＿＿＿＿＿

时间	塔釜加热温度/℃	塔釜加热电流/mA	塔身保温温度/℃			塔身保温电流/mA			操作温度/℃			釜压	进料速度/(mL/min)		回流比	溶剂比	塔顶产品中乙醇的质量分数/%	塔底产品中乙醇的质量分数/%	备注
			上	中	下	上	中	下	釜	中	顶		原料	溶剂					

2)数据处理

(1)估算精馏塔的理论塔板数。利用芬斯克方程估算全回流条件下的最小理论塔板数:

$$N_{\min}=\frac{\lg\left(\dfrac{x_D}{1-x_D}\times\dfrac{1-x_W}{x_W}\right)}{\lg\alpha}-1$$

式中　x_D——塔顶产品中易挥发组分的组成;

x_W——塔底产品中易挥发组分的组成;

α——相对挥发度,$\alpha=\left(\alpha_{顶}\alpha_{底}\right)^{0.5}\approx 1.63$。

由于乙醇-水体系非理想性较强,理论塔板数估算误差较大。较准确的标定方法是利用苯-四氯化碳、苯-二氯乙烷、正庚烷-甲基环己烷等体系。

(2)比较普通精馏和萃取精馏的塔顶产品组成。

(3)计算萃取精馏的乙醇回收率。

乙醇回收率=塔顶产品质量 × 塔顶产品中乙醇的质量分数/(原料进料质量 × 原料中乙醇的质量分数+塔釜乙醇减少的质量)

六、思考题

(1)萃取精馏中溶剂的作用是什么?如何选择溶剂?

（2）回流比和溶剂比的意义分别是什么？它们对塔顶产品的组成有何影响？

（3）塔顶产品采出量如何确定？

七、注意事项

（1）塔釜加热量应适当。加热量不可过大，否则易引起液泛；加热量也不可过小，否则蒸发量过小，精馏塔难以正常操作。

（2）塔身保温要适当。温度过高会引起塔壁过热，物料易二次汽化；温度过低则冷凝量大，回流量也大，精馏塔难以正常操作。

（3）塔顶产品采出量取决于塔的分离效果（理论塔板数、回流比和溶剂比）和物料衡算结果，不能任意提高。

（4）加热控制宜微量调整，操作要认真细心，平衡时间应充足。

实验 7　离子交换与吸附实验

一、实验目的

（1）了解采用离子交换树脂分离氨基酸的基本原理。

（2）掌握离子交换层析法的基本操作。

二、实验原理

离子交换层析法是用离子交换剂（具有离子交换性能的物质）做固定相，利用它能与流动相中的离子进行可逆交换的性质来分离离子型化合物的方法。带电荷量少、亲和力小的组分先被洗脱下来，带电荷量多、亲和力大的组分后被洗脱下来。

实验所用样品为天冬氨酸和赖氨酸的混合液，这两种氨基酸分别属于酸性氨基酸（pI=2.77）和碱性氨基酸（pI=9.74），它们的缓冲溶液分别带正电荷和负电荷，与强酸性阳离子交换树脂 Dowex50 的亲和力有很大的不同，在一定的条件下洗脱可将这两种氨基酸分离。具体反应如图 1 所示。

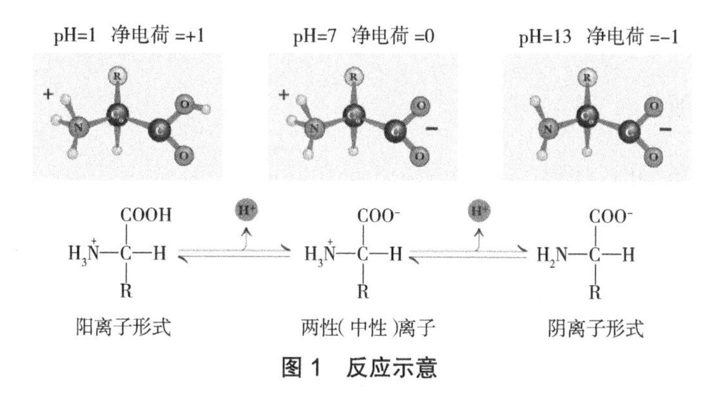

图 1　反应示意

三、实验仪器、装置与试剂

（1）实验仪器：恒流泵。

（2）实验装置：层析柱、铁架台。

（3）实验试剂：天冬氨酸和赖氨酸的混合液、2 mol/L 的盐酸、2 mol/L 的氢氧化钠溶液、柠檬酸盐缓冲液、强酸性阳离子交换树脂 Dowex50。

四、实验步骤与方法

（1）处理树脂。将干的强酸性阳离子交换树脂用蒸馏水浸泡过夜，使之充分溶胀；然后用体积为树脂体积 4 倍的 2 mol/L 的盐酸浸泡 1 h，倾去清液，洗至中性；再用 2 mol/L 的氢氧化钠溶液处理，做法同上；最后用欲使用的缓冲液浸泡。

（2）装柱。取直径为 1 cm、长 10~12 cm 的层析柱，将其垂直置于铁架台上。关闭层析柱出口，自层析柱顶部注入上述经处理的树脂悬浮液，待树脂沉降后放出过量的溶液，再加入一些树脂，至树脂沉降至 8~10 cm 的高度即可。装柱要求连续，均匀，无气泡，表面平整，液面不低于树脂。

（3）平衡。将缓冲液瓶与恒流泵相连，恒流泵出口与层析柱入口相连，树脂顶端保留 3~4 cm 的液层。启动恒流泵，保持 24 mL/h 的流速，至流出液的 pH 值与洗脱液相等即达到平衡。

（4）加样。待层析柱内的液面至树脂顶端 1~2 cm 时关闭层析柱出口，沿柱壁四周小心地加入 0.5 mL 样品。然后慢慢打开层析柱出口，同时开始收集流出液。当样品液的弯月面接近树脂顶端时，立即用少量柠檬酸缓冲液冲洗加样品处数次，然后注入柠檬酸缓冲液至液面高 3~4 cm。

（5）洗脱。启动恒流泵，以缓冲液为介质进行洗脱。

五、数据记录与处理

测定洗脱液的电导率，以电导率为纵坐标、洗脱液的体积为横坐标绘制洗脱曲线。

六、思考题

根据氨基酸的离解性质，若想使两种氨基酸的洗脱顺序相反，应改变哪些条件？

七、注意事项

在装柱时必须防止产生气泡、分层和层析柱内的液面在树脂顶端以下等现象发生。

实验 8　微滤膜分离实验

一、实验目的

（1）了解膜分离技术的特点。

（2）了解微滤膜分离的主要工艺过程。

（3）学会微滤膜过滤设备的使用和操作，提高实验技能。

二、实验原理

膜分离是近些年发展起来的一种新型分离技术。常规的膜分离采用天然或人工合成的选择性透过膜作为分离介质，在浓度差、压力差、电位差等推动力的作用下，使原料中的溶质或溶剂选择性地透过膜而进行分离、分级、提纯、富集。通常原料一侧称为膜上游，透过一侧称为膜下游。膜分离可以用于液固（液体中的超细微粒）分离、液液分离、气气分离、反应 - 膜分离耦合、集成分离等方面。其中液液分离包括水溶液体系、非水溶液体系、水溶胶体系和含有微粒的液相体系的分离。不同的膜分离过程使用的膜不同，推动力也不同。目前已经工业化的膜分离过程有微滤（MF）、反渗透（RO）、纳滤（NF）、超滤（UF）、渗析（D）、电渗析（ED）、气体分离（GS）、渗透汽化（PV）等，膜蒸馏（MD），膜基萃取，膜基吸收，液膜、膜反应器和无机膜的应用等则是目前膜分离技术研究的热点。膜分离技术具有操作方便，设备紧凑，工作环境安全，节约能量和化学试剂等优点，因此在 20 世纪 60 年代，膜分离技术出现后不久就在海水淡化工程中得到大规模的商业应用。目前除海水、苦咸水的大规模淡化和纯水、超纯水的生产外，膜分离技术还在食品工业、医药工业、生物工程、石油、化学工业、环保工程等领域得到推广应用。各种膜分离技术的应用如表 1 所示。

表 1　各种膜分离技术的应用

膜分离技术	粒径/μm	相对分子质量	常见物质
过滤	>1	—	砂粒、酵母、花粉、血红蛋白
微滤	0.1~10	>500 000	颜料、油漆、树脂、乳胶、细菌
超滤	0.005~0.1	6 000~500 000	凝胶、病毒、蛋白质、炭黑
纳滤	0.001~0.011	200~6 000	染料、洗涤剂、维生素
反渗透	<0.001	<200	水、金属离子

膜分离技术的原理是依靠膜这种多孔过滤材料的拦截性能，以压力为推动力进行分离。微滤膜分离的粒径范围为 0.1~10 μm，主要用于颗粒物的去除、除菌、澄清、除浊、有用物质的回收等。微滤膜分离的原理如图 1 所示。

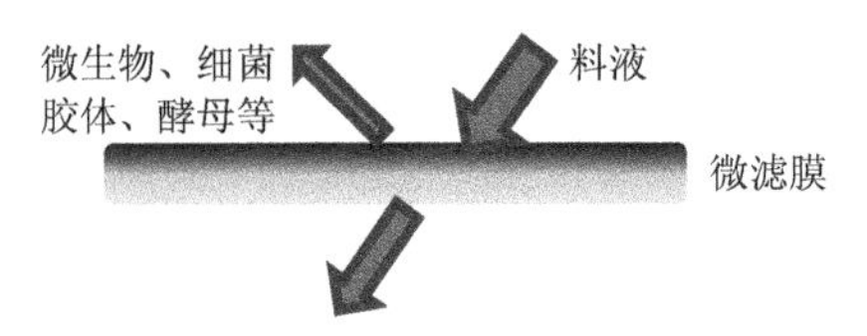

图 1 微滤膜分离原理示意

三、实验仪器、装置与试剂

微滤膜分离流程(图 2)比较简单,料液通过微滤泵进入膜分离单元,在膜的表面被分成两部分,一部分是透过液,一部分是截留物,通常透过液为所需要的产品。

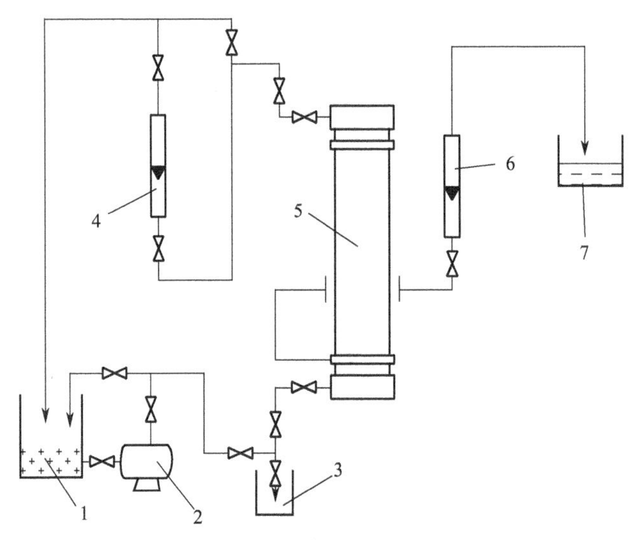

图 2 微滤膜分离流程示意

1—料液储罐;2—微滤泵;3—保护液储槽;4、6—转子流量计;5—微滤膜组件;7—透过液储槽

四、实验步骤与方法

(1)配制三氯化铁料液,方法如下:取三氯化铁约 2 g,溶解于 1 000 mL 水中,待完全溶解后用预先配制好的氢氧化钠溶液滴定至呈棕红色为止,将溶液转移至料液储罐中,并补充水分至储罐的三分之二容积处,备用。

(2)接通设备电源。

(3)检查所有的阀门,保证与微滤泵相连的阀门均处于打开状态(否则微滤泵容易损坏),其他阀门均处于关闭状态。

(4)启动微滤泵,通过调节微滤泵的旁路阀改变系统的压强与流量,过滤后的产品通过转子流量计计量后进入透过液储槽。

(5)过滤完成后将微滤泵的旁路阀开到最大,关闭微滤泵。

五、数据记录与处理

原始实验数据与计算结果记录在表 2 中。以压强为纵坐标、流量为横坐标作图。

表 2　实验数据记录表

序号	压强/(kg/cm^2)	取样体积 V_s/mL	取样时间 t/s	取样流量 V_H/(L/h)
1	1.5			
2	2			
3	2.5			
4	3			
5	3.4			

六、思考题

(1)膜分离技术的优点有哪些?

(2)温度变化对微滤膜分离的效果有什么影响?

七、注意事项

(1)设备、仪器误差会导致溶液过滤程度不够高,从而导致实验误差。

(2)人为误差,如计时、取样的反应时间差,读数误差等都会导致实验误差。

(3)在作图、计算压强与流量的准确关系时会产生一定的误差。

第 5 章　化学反应工程实验

实验 9　连续流动反应器中返混测定实验

一、实验目的

本实验通过单釜反应器与三釜串联反应器中停留时间分布的测定，用多釜串联模型来定量计算返混程度，从而找到抑制返混的措施。

（1）掌握停留时间分布的测定方法。

（2）了解停留时间分布与多釜串联模型的关系。

（3）了解模型参数 n 的物理意义和计算方法。

二、实验原理

在连续流动的反应器内，不同停留时间的物料之间混合称为返混。返混程度的大小一般很难直接测定，通常通过测定物料的停留时间分布来确定。然而测定不同状态的反应器内的停留时间分布可以发现，相同的停留时间分布可能有不同的返混情况，即返混情况与停留时间分布不存在一一对应的关系，因此不能用停留时间分布的实验测定数据直接表示返混程度，而要借助于反应器的数学模型来间接表达。

物料在反应器内的停留时间完全是一个随机变量，可以用概率分布方法来定量描述，所用的概率分布函数为停留时间分布密度函数 $f(t)$ 和停留时间分布函数 $F(t)$。停留时间分布密度函数 $f(t)$ 的物理意义是：同时进入系统的 N 个流体粒子中，停留时间在 t 到 $t+dt$ 间的流体粒子所占的分率 dN/N 为 $f(t)dt$。停留时间分布函数 $F(t)$ 的物理意义是：流过系统的流体粒子中，停留时间短于 t 的流体粒子所占的分率。

停留时间分布的测定方法有脉冲法、阶跃法等，常用的是脉冲法。当系统达到稳定状态后，在系统的入口处瞬间注入一定量的示踪剂，同时开始检测出口流体中示踪剂的浓度变化。由停留时间分布密度函数的物理意义可知：

$$f(t)\mathrm{d}t = Vc(t)\mathrm{d}t/Q \tag{1}$$

式中　t——时间；

V——流体的体积流量；

$c(t)$——t 时刻系统内示踪剂的浓度；

Q——示踪剂的量。

$$Q = \int_0^\infty Vc(t)\mathrm{d}t \tag{2}$$

所以

$$f(t)=\frac{Vc(t)}{\int_0^{\infty}Vc(t)\mathrm{d}t}=\frac{c(t)}{\int_0^{\infty}c(t)\mathrm{d}t} \tag{3}$$

由此可见$f(t)$与$c(t)$成正比。本实验用水作为连续流动的物料，以饱和 KCl 溶液为示踪剂，在反应器出口处检测溶液的电导值。在一定范围内，KCl 的浓度与电导值成正比，则可用电导值来表示物料的停留时间，即$f(t)$正比于$L(t)$。

$$L(t)=L_t-L_{\infty}$$

式中　L_t——t时刻的电导值；

L_{∞}——无示踪剂时的电导值。

停留时间分布密度函数$f(t)$在概率论中有两个特征值——平均停留时间（数学期望）$\bar{t}$ 和方差 σ_t^2。

$\bar{t}$ 的表达式为

$$\bar{t}=\int_0^{\infty}tf(t)\mathrm{d}t=\frac{\int_0^{\infty}tc(t)\mathrm{d}t}{\int_0^{\infty}c(t)\mathrm{d}t} \tag{4}$$

采用离散形式表达，并取相同的时间间隔 Δt，则

$$\bar{t}=\frac{\sum tc(t)\Delta t}{\sum c(t)\Delta t}=\frac{\sum tL(t)}{\sum L(t)} \tag{5}$$

σ_t^2的表达式为

$$\sigma_t^2=\int_0^{\infty}(t-\bar{t})^2f(t)\mathrm{d}t=\int_0^{\infty}t^2f(t)\mathrm{d}t-\bar{t}^2 \tag{6}$$

采用离散形式表达，并取相同的时间间隔 Δt，则

$$\sigma_t^2=\frac{\sum t^2c(t)}{\sum c(t)}-\bar{t}^2=\frac{\sum t^2L(t)}{\sum L(t)}-\bar{t}^2 \tag{7}$$

若用无因次时间 θ（ $\theta=t/\bar{t}$ ）来表示，则

$$\sigma_\theta^2=\sigma_t^2/\bar{t}^2$$

在测定了一个系统的停留时间分布后，要评价其返混程度就需要采用反应器模型，本实验采用的是多釜串联模型。所谓多釜串联模型是将一个实际反应器的返混程度与 n 个反应器串联的返混程度等效。多釜串联模型假定每个反应器都为全混釜且体积相等，反应器之间无返混，则可以推导得到多釜串联模型的停留时间分布函数，并得到无因次方差 σ_θ^2 与模型参数 n 的关系为

$$n=\frac{1}{\sigma_\theta^2} \tag{8}$$

当$n=1$时，$\sigma_\theta^2=1$，为全混流特征；当$n\to\infty$时，$\sigma_\theta^2\to 0$，为平推流特征。

n 是虚拟釜数，不限于整数。

三、实验仪器、装置与试剂

实验装置如图 1 所示，由单釜反应器与三釜串联反应器两个系统组成。三釜串联反应器中每个釜的体积为 1 L，单釜反应器的体积为 3 L，用可控硅直流调速装置调速。实验时，水分别从两个转子流量计流入两个系统，稳定后在两个系统的入口处快速注入示踪剂，在每个釜的出口处用电导电极监测示踪剂浓度的变化，并用记录仪自动记录下来。

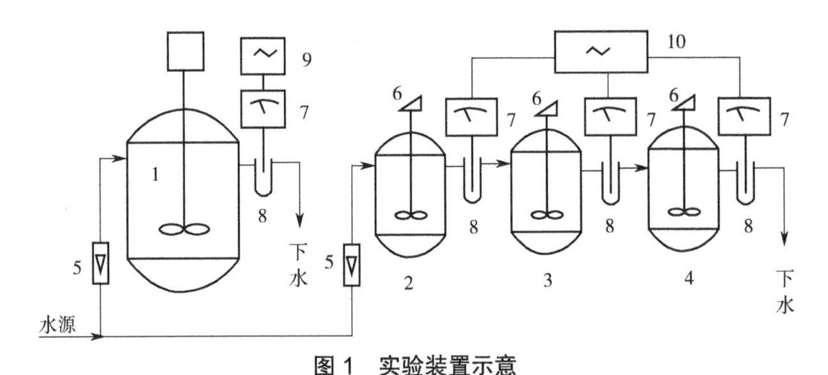

图 1　实验装置示意

1—全混釜（3 L）；2、3、4—全混釜（1 L）；5—转子流量计；6—电机；7—电导仪；8—电导电极；9—记录仪；10—四笔记录仪或微机

四、实验步骤与方法

（1）通水，让水注满反应釜，调节进水流量为 20 L/h，保持流量稳定。

（2）通电。

①启动电脑、打印机，打开数据采集软件。

②打开电导仪并调到测量挡位。

③启动搅拌装置，转速应大于 300 r/min。

（3）待系统稳定后，用注射器迅速注入 5 mL 示踪剂，同时点击软件单釜操作界面上的“开始”按钮，再点击“返回”按钮返回主操作界面，迅速进入三釜操作界面点击“开始”按钮，开始采集数据。

（4）当记录仪上显示的示踪剂浓度在 2 min 内觉察不到变化时，即认为终点已到。

（5）关闭仪器、电源、水源，排净釜中的料液，实验结束。

五、数据记录与处理

根据实验结果，可以得到单釜反应器与三釜串联反应器的停留时间分布曲线，其中电导值对应示踪剂的浓度，走纸的长度对应测定时间，可以由记录仪的走纸速度计算出来。然后采用离散化方法，在曲线上以相同的时间间隔取点，一般可取 20 个左右数据点，再根据式（5）、式（7）计算出 $\bar{t}$ 、σ_t^2 和无因次方差 σ_θ^2（ $\sigma_\theta^2=\sigma_t^2/\bar{t}^2$ ）。利用多釜串联模型，根据式（8）求出模型参数 n，根据 n 的大小就可确定单釜和三釜系统的返混程度。

若采用微机数据采集与分析处理系统，则可直接由电导仪输出信号至计算机，由计算机负责数据采集与分析，在显示器上画出停留时间分布动态曲线，并在实验结束后自动计算平均停留时间、方差和模型参数。停留时间分布曲线与相应的数据均可方便地保存或打印输出，减少了人工计算的工作量。

六、思考题

(1)为什么说返混情况与停留时间分布不是一一对应的？但为什么可以通过测定停留时间分布来研究返混呢？

(2)模型参数与反应器的个数有何不同？为什么？

(3)如何抑制返混或加大返混程度？

七、注意事项

(1)每次实验开始前，应将温度补偿调至使用温度，同时保证电导仪处于测量状态。

(2)在实验过程中，点击“开始”按钮、注入示踪剂、记录电导仪数据必须同时进行。

(3)每次实验结束后，应及时清洗电磁阀。

实验 10　乙醇气相脱水制乙烯反应动力学实验

一、实验目的

(1)掌握乙醇脱水实验的反应过程、反应机理和特点，了解针对不同目的产物的反应条件对正、逆反应的影响规律。

(2)了解气固相管式催化反应器的构造、原理和使用方法，学习反应器的安装和正常操作，掌握催化剂评价的一般方法和获得适宜工艺条件的研究步骤、方法。

(3)学习使用动态控制仪表，设定温度和加热电流，控制床层温度分布。

(4)学习气体在线分析(定性、定量分析)和手动进样分析液体成分。了解气相色谱仪的原理和构造，掌握色谱仪的正常使用和分析条件的选择。

(5)学习微量泵和蠕动泵的原理和使用，学会使用湿式流量计测量流体流量。

二、实验原理

乙醇脱水生成乙烯和乙醚是吸热的可逆反应，提高反应温度、降低反应压强都能提高反应的转化率。但高温有利于乙烯的生成，温度较低时主要生成乙醚，有人解释这大概是因为反应过程中生成的碳正离子比较活泼，在高温下寿命尤其短，来不及与乙醇相遇就失去质子变成乙烯。而在较低的温度下，碳正离子存在的时间长一些，与乙醇相遇生成乙醚的概率高一些。有人认为在生成产物的决定步骤中，生成乙烯要使 C—H 键断裂，需要的活化能较高，所以在高温下才有乙烯生成。

乙醇在催化剂存在的条件下受热发生脱水反应，既可分子内脱水生成乙烯，也可分子间脱水生成乙醚。本实验采用 ZSM-5 分子筛作为催化剂，在固定床反应器中进行乙醇脱水反应研究，通过改变进料速度得到不同反应条件下的实验数据，通过对气体和液体产物的分析得到在一定反应温度下的最佳工艺条件和动力学方程。反应机理如下：

$$C_2H_5OH \rightarrow C_2H_4 + H_2O$$（主反应）

$$2C_2H_5OH \rightarrow C_2H_5OC_2H_5 + H_2O$$（副反应）

在实验中，上面两个反应生成的液体产物乙醚和水留在了冷凝液中，而气体产物乙烯则进入湿式流量计计量总体积后排出。

有学者研究了在 Al_2O_3 存在的条件下乙醇脱水的动力学，导出了一级反应速率方程：

$$v_0 \ln \frac{1}{1-y} = \alpha + \beta v_0 y$$

式中 v_0——乙醇的进料速度；

y——乙醇的转化率；

α、β——常数。

以 $v_0 \ln \frac{1}{1-y}$ 对 $v_0 y$ 作图，可得一条等温直线，其截距为 α，斜率为 β。

三、实验仪器、装置与试剂

（1）实验装置由反应系统、取样和分析系统组成。反应系统包括固定床反应器、温度控制器和显示仪表，取样和分析系统包括产品收集器和气相色谱仪。整套实验装置安装在一个实验柜中，操作方便。实验流程如图 1 所示。

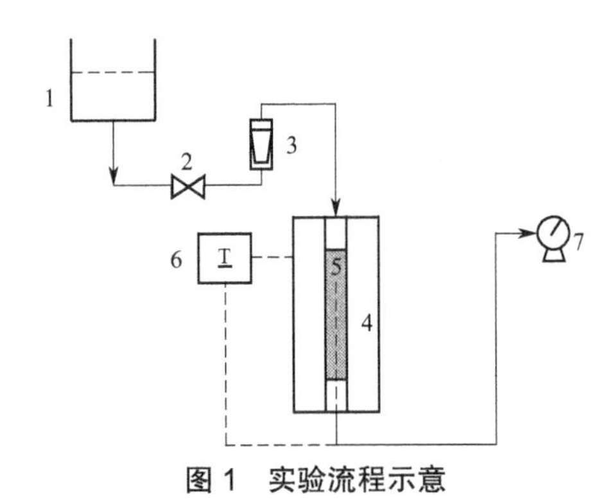

图 1 实验流程示意

1—高位槽；2—调节阀；3—转子流量计；4—反应器加热套；5—催化剂床层；6—温度控制仪表；7—湿式流量计

（2）实验试剂：无水乙醇、分子筛催化剂（60~80 目，3.0 g）。

四、实验步骤与方法

开始实验之前，需熟悉实验中所有设备、仪器、仪表的性能和使用方法，然后才可按实验步骤进行实验。

（1）打开氢气钢瓶，将色谱仪的柱前压强调至 0.05 MPa。确认色谱检测器中有载气通过后启动色谱仪。将柱温调到 85 ℃，检测室温度调到 95 ℃，待稳定后打开热导池微电流放大器开关，将桥电流调至 150 mA。

（2）在色谱仪升温的同时，打开恒温箱加热器开关，使恒温箱升温到 110 ℃，管路温度也保持在 110 ℃。

（3）打开反应器温度控制器开关，使反应器加热升温。同时向反应器的冷却水夹套中通入冷却水。

（4）打开进料调节阀，调节转子流量计，以小流量向反应器内通入原料乙醇。

（5）待所有条件稳定后，取样分析反应产物的组成，并记录色谱处理器打印出的色谱峰的面积。

（6）在 260~380 ℃范围内选择 3~4 个温度，在各个温度下改变乙醇的进料速度 3 次，测定出不同条件下的数据。

五、数据记录与处理

（1）标准溶液配制和色谱分析数据记录表。

①标准溶液配制数据记录表（表 1）。

表 1　标准溶液配制数据记录表

物质	水（H_2O）	乙醇（C_2H_5OH）	乙醚（$(C_2H_5)_2O$）
质量/g			
质量分数/%			

②标准溶液色谱分析数据记录表（表 2）。

表 2　标准溶液色谱分析数据记录表

分析次数	Ⅰ			Ⅱ		
保留时间/min						
峰面积/（μV/s）						
峰面积百分数/%						
平均峰面积百分数/%						

（2）生成的乙烯数据记录表（表 3）。

表 3　生成的乙烯数据记录表

进料速度/（mL/min）	时间	湿式流量计示数/L	预热温度/℃	加热温度/℃	反应温度/℃

续表

进料速度/(mL/min)	时间	湿式流量计示数/L	预热温度/℃	加热温度/℃	反应温度/℃

(3)样品收集数据记录表(表4)。

表4 样品收集数据记录表

进料速度/(mL/min)	瓶子质量/g	样品与瓶子总质量/g	样品质量/g
0.5			
1.0			
1.5			

(4)样品色谱分析数据记录表。

①进料速度为0.5 mL/min时的样品色谱分析数据记录表(表5)。

表5 进料速度为0.5 mL/min时的样品色谱分析数据记录表

分析次数	Ⅰ			Ⅱ		
峰号	1	2	3	1	2	3
保留时间/min						
峰面积/(μV/s)						
峰面积百分数/%						

②进料速度为1.0 mL/min时的样品色谱分析数据记录表(表6)。

表6 进料速度为1.0 mL/min时的样品色谱分析数据记录表

分析次数	Ⅰ			Ⅱ		
峰号	1	2	3	1	2	3
保留时间/min						
峰面积/(μV/s)						
峰面积百分数/%						

③进料速度为 1.5 mL/min 时的样品色谱分析数据记录表(表 7)。

表 7　进料速度为 1.5 mL/min 时的样品色谱分析数据记录表

分析次数	Ⅰ			Ⅱ		
峰号	1	2	3	1	2	3
保留时间/min						
峰面积/(μV/s)						
峰面积百分数/%						

(5)根据标准溶液的配比和相关公式计算相对校正因子。

(6)液体产品气相色谱分析数据记录表(表 8)。

表 8　液体产品气相色谱分析数据记录表

进料速度/(mL/min)	组分	进样Ⅰ峰面积百分数/%	进样Ⅱ峰面积百分数/%	平均值峰面积百分数/%	质量分数/%
0.5	水				
	乙醇				
	乙醚				
1.0	水				
	乙醇				
	乙醚				
1.5	水				
	乙醇				
	乙醚				

(7)反应温度为 280 ℃时原料乙醇的转化率、产物乙烯的收率和选择性(表 9)。

表 9　反应温度为 280 ℃时原料乙醇的转化率、产物乙烯的收率和选择性

进料速度/(mL/min)	进料时间/min	乙醇转化率/%	乙烯收率/%	乙烯选择性/%
0.5				
1.0				
1.5				

(8)反应速率方程数据记录表(表 10)。

表 10　反应速率方程数据记录表

进料速度/(mL/min)	y/%
0.5	

续表

进料速度/(mL/min)	y/%
1.0	
1.5	

六、思考题

(1)用固定床反应器研究化学反应动力学的优点、缺点分别是什么?

(2)要想证明测定的是本征动力学数据,还需要补充哪些实验内容?

实验11 多孔催化剂孔径分布和比表面积测定实验

一、实验目的

(1)了解多孔材料比表面积测定方法的原理。

(2)了解容量法测定多孔材料比表面积的基本原理。

(3)掌握 BET(Brunauer(布鲁诺尔)-Emmer(埃默)-Teller(特勒))法测定比表面积的数据处理和计算方法。

二、实验原理

比表面积是单位质量或单位体积的物质所具有的表面积。比表面积的测定主要采用 BET 法,该方法建立在气体分子吸附的理论基础上。假设在孔道表面,惰性气体的吸附按照以下规律进行:①各个吸附位吸附时放出的吸附热是相等的;②每个吸附位只能吸附一个质点。

按照上述假设,气体的吸附满足下列公式(BET 公式):

$$V=\frac{V_{m}pC}{(p_{s}-p)\left[1-(p/p_{s})+C(p/p_{s})\right]}$$

$$\frac{p}{V(p_{s}-p)}=\frac{1}{V_{m}C}+\frac{C-1}{V_{m}C}\frac{p}{p_{s}}$$

式中 V——平衡时的吸附体积;

V_{m}——单分子饱和吸附体积;

p——平衡压强;

C——与吸附热和凝聚热有关的常数;

p_{s}——平衡时吸附质的饱和蒸气压。

按照 BET 公式,需要测定不同压强下的吸附体积,然后计算出 V_{m},再根据理想气体方程,将 V_{m} 转化为氮气分子数。根据每个被吸附的分子在吸附剂表面所占的面积,即可计算出每克样品所具有的表面积。每个氮气分子在吸附剂表面所占的面积为 0.162 nm^2,根据被吸附的氮气分子的个数就可以算出表面积。

三、实验仪器、装置与试剂

美国康塔公司的 Autosorb(iQ)全自动气体吸附分析仪、氮气钢瓶、氦气钢瓶、分析天平。

四、实验步骤与方法

1)准备工作

(1)打开氮气和氦气钢瓶,将钢瓶输出压强调节为 10 psi。

(2)打开计算机,打开气体吸附分析仪的电源。

(3)打开 ASIQWin 软件。

(4)称量样品管的质量,准确至 0.000 1 g。

(5)称取约 0.05 g 样品,置于样品管中。

2)脱气

(1)打开 Outgasser 菜单。

(2)在 St1 或 St2(St1 为左边的脱气口, St2 为右边的脱气口)上点击鼠标右键,在弹出的菜单中选择 “Edit settings” 。

(3)点击 “Add” ,在弹出的对话框中设置脱气温度(300 ℃)、升温速率(20 ℃/min)、保温时间(4 h),然后保存。

(4)点击 “Backfill” ,在 “Mode” 中选择 “Finepowder” ,在 “Pressure” 中填 780 torr,点击 “OK” 。

(5)将样品管下端放入加热包,然后固定在脱气口上。

(6)向杜瓦瓶中加入液氮,然后固定在冷阱旁的挂钩上。

(7)在 St1 或 St2 上点击鼠标右键,在弹出的菜单中选择 “Load” ,开始脱气。

(8)脱气完成后取下样品管,注意观察压强是否为 780 torr,禁止在真空状态下取下样品管。

(9)对脱气后的样品管进行称重,准确至 0.000 1 g。

3)测试

(1)在 “Analysis” 选项上点击鼠标右键,在 “Select type” 中选择 “Physisorption” 。

(2)在 “Analysis” 选项上点击鼠标右键,在弹出的菜单中选择 “Edit parameter” ,设置相关系数。

(3)将样品管固定在测试口上,检查液氮量,杜瓦瓶瓶口不得被物品遮挡。

(4)在 “Analysis” 选项上点击鼠标右键,在弹出的菜单中选择 “Start analysis” ,开始测试。

(5)测试结束后,待样品管回填氮气后才可取下样品管,进行下一组测试。

五、数据记录与处理

（1）按照表1进行数据记录。

表1 数据记录表

样品名:__________;测试气体:__________;测试温度:__________;

样品管质量:________g;样品管和样品质量:__________g;

脱气后样品管和样品质量:__________g;样品质量:__________g

相对压强 p/p_0	氮气吸附量

（2）以 p/p_s 为横坐标、$\frac{p}{V(p_s-p)}$ 为纵坐标作图，然后进行曲线拟合得到比表面积数值。

六、思考题

（1）从氮气单分子层吸附的角度讨论多孔材料的孔径从小（0.5 nm）变大（20 nm）时，用BET法测定比表面积误差的变化趋势。

（2）根据多分子层吸附理论的要点说明如何使实验条件符合模型的假设条件。

（3）在什么情况下用BET法测定比表面积结果较准确？

（4）通过本次实验，在原理、方法、操作、数据处理等方面有什么收获？

七、注意事项

（1）在取液氮时要小心，防止将液氮倒在手上而冻伤。

（2）在脱气口处固定和取下样品管时要严格按照步骤进行操作，防止打碎样品管。

（3）开始测试前一定要检查杜瓦瓶瓶口，确保没有任何遮挡物。

实验12 反应精馏制乙酸乙酯实验

一、实验目的

（1）了解反应精馏与普通精馏的区别。

（2）了解反应精馏是一个既遵循质量作用定律又遵循相平衡规律的复杂过程。

（3）掌握反应精馏的实验操作。

（4）学习全塔物料衡算的计算方法。

（5）学会分析塔内物料组成。

二、实验原理

反应精馏与普通精馏不同，它是将化学反应过程和物理分离过程结合在一个装置内同时完成的操作。反应精馏能显著提高原料的总体转化率，降低生产能耗。反应精馏在酯化、醚化、酯交换、水解等化工生产中已得到广泛应用，且越来越显示出优越性。由于该过程既有物质相变的物理现象，又有物质变化的化学现象，两者相互影响，致使反应精馏过程十分复杂。

反应精馏的特点如下：

（1）可以大大简化制备化工产品的工艺流程；

（2）对放热反应能提高有效能量的利用率；

（3）因能及时将产物从体系中分离出来，故可提高可逆反应的平衡转化率，而且可抑制某些体系的副反应；

（4）可采用低浓度原料进行反应；

（5）因体系中有反应物存在，故能改变各组分的相对挥发度，可实现沸点相近的物质或具有共沸组成的混合物的完全分离。

反应精馏对下面两种情况特别适用。

（1）可逆平衡反应。这种反应因受平衡影响，转化率只能维持在平衡转化的水平。如果生成物中有低沸点或高沸点物质，则可在精馏过程中使其连续地从系统中排出，从而使平衡转化率大大提高。

（2）异构体混合物分离。异构体的沸点接近，用普通精馏方法不易分离提纯，若向异构体混合物中加入一种物质，与某一异构体发生化学反应生成与原物质沸点不同的新物质，便可使异构体得以分离。

对可逆反应醇酸酯化反应，若无催化剂存在，反应速度非常缓慢，即使采用反应精馏方法也达不到高效分离的目的。酯化反应常用的催化剂是硫酸（质量分数为 0.2%~1.0%），反应速度随硫酸浓度升高而加快，采用硫酸作为催化剂的优点是催化作用不受塔内温度限制，全塔和塔釜都能进行催化反应。此外，离子交换树脂、重金属盐和丝光沸石分子筛等固体也是可用的催化剂。但使用固体催化剂需要适宜的反应温度，精馏塔由于存在温度梯度难以满足这一条件，故很难实现过程的最佳化。

本实验以乙酸和乙醇为原料，在催化剂硫酸的作用下生成乙酸乙酯，化学反应方程式为

$$CH_3COOH+C_2H_5OH \rightleftharpoons CH_3COOC_2H_5+H_2O$$

实验中进料方式有两种：一种是直接从塔釜进料；另一种是在塔的某处进料。从操作方式看，前者有间歇式和连续式两种；而后者只有连续式。

塔釜进料的间歇操作方式是将原料一次性加入塔釜,从塔顶采出产品,此时塔釜作为反应器,塔体只起到精馏分离的作用。塔釜进料的连续操作方式是将一部分原料加入塔釜,也从塔顶采出产品,在可以从塔顶采出产品后,就连续地将醇酸混合原料加入塔釜,此时塔釜仍作为反应器,塔体也只起到精馏分离的作用。连续操作和间歇操作相比提高了生产能力,但这两种操作方式的生产能力均较低。

塔体连续进料的操作方式是在塔上部某处加入带有催化剂的乙酸,而在塔下部某处加入乙醇。当釜内物料呈沸腾状态时,塔内易挥发组分向上移动,难挥发组分向下移动。乙酸进料口以上的塔段为上段,主要起精馏乙酸乙酯的作用,并使乙酸不在塔顶采出物中出现。乙醇进料口以下的塔段为下段,主要作用是提馏反应生成的水,使其从装置中移出。两个进料口之间的塔段为中段,主要起酯化反应的作用,使醇和酸在催化剂存在的条件下更好地接触,并使反应生成的酯和水从反应区移出。塔内有乙醇、乙酸、乙酸乙酯和水四个组分,由于乙酸在气相中有缔合作用,除乙酸外,其他三个组分在 70~79 ℃的范围内可形成水酯、水醇和水醇酯三种共沸物。由于共沸物沸点较低,故醇和酯能不断地从塔顶排出。如果适当控制原料的比例和操作条件,就可以使反应物中的某一组分全部转化。因此,可认为反应精馏塔也是反应器。

三、实验仪器、装置与试剂

实验装置如图 1 所示。反应精馏塔用玻璃制成,内径为 20 mm,填料高 1 400 mm,有 5 个侧口,最上口、最下口与塔顶、塔底的距离均为 200 mm,各侧口的间距为 250 mm。塔内填装 3 mm × 3 mm 的不锈钢 θ 网环型填料。塔釜为四口烧瓶,容积为 500 mL,置于 500 W 的电热包中。塔外壁镀有透明导电膜,可通电流加热使塔身保温。透明导电膜分上、下两段,每段功率为 300 W。塔顶冷凝液体的回流和采出用摆动式回流比控制器控制。此控制系统由塔头上的摆锤、电磁铁线圈和回流比控制电子仪表组成。

实验装置的控制面板如图 2 所示。本实验采用配备热导池检测器和 GDX 固定相的气相色谱仪分析各组分的含量。实验所需能量由电热源提供。加热电压由固态调压器调节。电热包的加热温度由智能仪表通过固态继电器控制。电热包、塔釜和塔顶温度均由数字智能仪表显示,并由计算机实时采集。

实验所需乙酸、乙醇、硫酸为分析纯或化学纯。

四、实验步骤与方法

1)间歇反应精馏

(1)检查进料系统的各管线是否连接正常。

(2)在塔釜加入 250~350 g 醇酸混合液(醇酸的摩尔比为 1.1~1.7,催化剂硫酸的含量为酸的 0.5%~1%)。

(3)打开总电源,然后打开测温仪的电源,此时温度仪表有温度显示。打开塔釜温控仪的电源,相应的仪表也有显示。设定好仪表的温度(推荐温度为 170~190 ℃)后,顺时针旋转电流给定旋钮，使电流在合适的范围内。

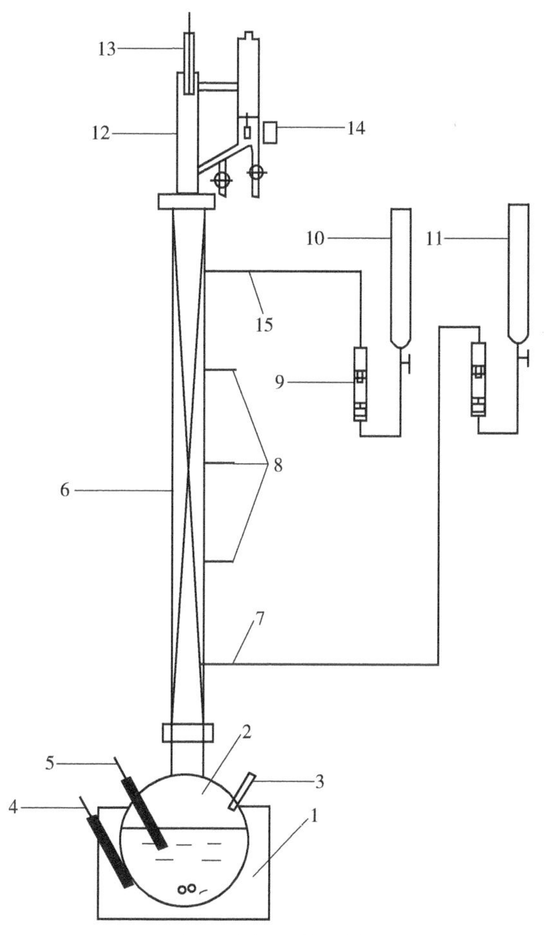

图 1　实验装置示意

1—电热包；2—塔釜；3—测压口；4—电热包测温热电偶；5—塔釜测温热电偶；6—反应精馏塔；7—侧口（乙醇加料口）；8—侧口；9—转子流量计；10—乙酸计量管；11—乙醇计量管；12—塔头；13—塔顶测温热电偶；14—电磁铁；15—侧口（乙酸加料口）

（4）当釜内物料开始沸腾时，打开塔身上、下两段透明导电膜的电源，顺时针旋转电流给定旋钮，使电流维持在 0.1~0.3 A。

（5）打开冷却水控制阀门，调节至合适的流量。

（6）待塔顶有冷凝液体出现后，稳定全回流 20~30 min，然后部分回流，以 4：1~8：1 的回流比出料。同时仔细观察塔釜和塔顶的温度与压强，测量塔顶出料速度，并及时调整出料速度和加热温度，使精馏操作处于平衡状态。每隔 20 min 用小样品瓶取少量塔顶与塔釜的液体样品，进行成分分析。

（7）用微量注射器从塔身不同高度的取样口取液体样品，直接注入气相色谱仪，测得塔内各组分的浓度分布。

（8）在完成塔釜和塔顶的物料组成分析（约 2 h）后，即可停止加热。待不再有液体流回塔釜时，分析塔顶和塔釜物料的成分并称量。

（9）关闭冷却水控制阀门和电源。

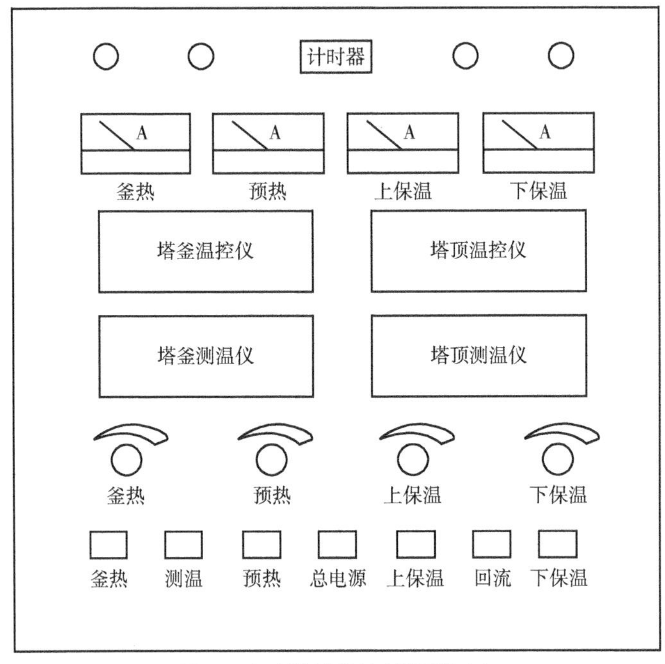

图 2 实验装置的控制面板示意

2）塔釜进料的连续反应精馏

操作步骤自行设计。

3）塔体进料的连续反应精馏

（1）检查进料系统的各管线是否连接正常。

（2）在塔釜加入 150 g 釜残液（组成用气相色谱仪分析），将乙酸（乙酸含 0.3% 的硫酸）和乙醇分别注入计量管。

（3）打开总电源，然后打开测温仪的电源，此时温度仪表有温度显示。打开塔釜温控仪的电源，相应的仪表也有显示。设定好仪表的温度（推荐温度为 170~190 ℃）后，顺时针旋转电流给定旋钮，使电流在合适的范围内。

（4）当釜内物料开始沸腾时，打开塔身上、下两段透明导电膜的电源，顺时针旋转电流给定旋钮，使电流维持在 0.1~0.3 A。

（5）打开冷却水控制阀门，调节至合适的流量。

（6）待塔顶有冷凝液体出现后，稳定全回流 15 min，然后开始进料，从塔的上侧口以 40 mL/h 的速度加入配好的含有 0.3% 硫酸的乙酸，从塔的下侧口以 20~40 mL/h 的速度加入乙醇。

（7）全回流 15 min 后，开始部分回流操作，以 4∶1 的回流比出料，塔釜也出料，使总物料平衡。同时仔细观察塔釜和塔顶的温度与压强，测量塔顶、塔釜出料速度，并及时调整进出料速度和加热温度，使精馏操作处于平衡状态。每隔 20 min 用小样品瓶取少量塔顶与塔釜的液体样品，进行成分分析。

（8）用微量注射器从塔身不同高度的取样口取液体样品，直接注入气相色谱仪，测得塔内各组分的浓度分布。

（9）在完成塔釜和塔顶的物料组成分析（约 2 h）后，即可停止进料和加热。待不再有液体流回塔釜时，分析塔顶和塔釜物料的成分并称量。

（10）关闭冷却水控制阀门和电源。

（11）如果时间允许，可改变回流比或原料的摩尔比重复实验，并对实验结果进行对比。

五、数据记录与处理

自行设计实验数据记录表。根据实验测得的数据，进行乙酸和乙醇的全塔物料衡算，计算塔内各组分的浓度分布、反应产率和反应物的转化率等，绘出各组分的浓度分布曲线。

乙酸的转化率的计算公式如下：

乙酸的转化率 =[（乙酸加料量 + 原釜内乙酸量）-（馏出物乙酸量 + 釜残液乙酸量）]/（乙酸加料量 + 原釜内乙酸量）

乙醇的转化率的计算公式与乙酸类似。

六、思考题

（1）反应精馏适用于什么样的体系？

（2）如何将本实验得到的粗乙酸乙酯提纯得到无水乙酸乙酯？请查阅有关文献，提出工业上可行的方法，并设计实验方案。

七、注意事项

（1）乙酸乙酯能与水、乙醇形成二元、三元共沸物，它们的沸点非常相近，因此在实验过程中应注意控制塔顶温度。

（2）操作时应先加热釜残液，维持全回流操作 15~30 min，以达到预热塔身、形成塔内浓度梯度和温度梯度的目的。

第 6 章　化工工艺实验

实验 13　微波和溶胶 - 凝胶法制备纳米二氧化钛实验

一、实验目的

（1）了解二氧化钛的制备方法。

（2）了解二氧化钛的性质。

（3）掌握在微波条件下制备二氧化钛的控制要点。

二、实验原理

胶体（colloid）是分散相粒子粒径很小的分散体系，分散相粒子的重力可以忽略，粒子之间的相互作用主要是短程作用力。溶胶（sol）是具有液体特征的胶体体系，分散的粒子通常是大分子颗粒，大小为 1~1 000 nm。凝胶（gel）是具有固体特征的胶体体系，被分散的物质形成连续的网状骨架，骨架空隙中充有液体或气体，凝胶中分散相的含量很低，一般在 1%~3%。溶胶与凝胶的比较如表 1 所示。

表 1　溶胶与凝胶的比较

胶体	形状	固相粒子的状态
溶胶	无固定形状	固相粒子可自由运动
凝胶	有固定形状	固相粒子按一定的网架结构固定，不能自由运动

溶胶 - 凝胶法是以含高化学活性组分的化合物为前驱体，在液态下将原料均匀混合，进行水解、缩合等化学反应，形成稳定的透明溶胶体系，溶胶经陈化胶粒缓慢聚合，形成三维空间网络结构，网络结构间充满失去流动性的溶剂，即形成凝胶。凝胶经过干燥、烧结固化制备出分子材料乃至具有纳米亚结构的材料。

在酸性条件下，钛酸四丁酯水解的产物为含钛离子的溶胶。

$$Ti(O—C_4H_9)_4+4H_2O \rightarrow Ti(OH)_4+4C_4H_9OH$$

钛离子通常与其他离子相互作用形成复杂的网状基团，最后形成稳定的凝胶。

$$Ti(OH)_4+Ti(O—C_4H_9)_4 \rightarrow 2TiO_2+4C_4H_9OH$$

$$Ti(OH)_4+Ti(OH)_4 \rightarrow 2TiO_2+4H_2O$$

三、实验仪器、装置与试剂

（1）实验仪器、装置：恒温磁力搅拌器、搅拌子、三口瓶（250 mL）、恒压漏斗（50 mL）、量筒（10 mL、50 mL）、烧杯（100 mL）。

（2）实验试剂：钛酸四丁酯（分析纯）、无水乙醇（分析纯）、冰醋酸（分析纯）、盐酸（分析纯）、蒸馏水。

四、实验步骤与方法

（1）在室温下量取 10 mL 钛酸四丁酯，缓慢滴入 35 mL 无水乙醇中，用磁力搅拌器强力搅拌 10 min，混合均匀，形成黄色澄清溶液 A。

（2）将 4 mL 冰醋酸和 10 mL 蒸馏水加到另外 35 mL 无水乙醇中，剧烈搅拌，得到溶液 B，滴入 1~2 滴盐酸，调节 pH 值至小于或等于 3。

（3）混合两溶液，调节微波功率至适当值，调节转速，设定反应时间，开启搅拌器，微波加热进行反应，反应结束后取出含产品的浆料，过滤、洗涤。（也可以采用室温水浴，在剧烈搅拌下将已移入恒压漏斗的溶液 A 缓慢滴入溶液 B 中（滴速大约为 3 mL/min），滴加完毕后得到浅黄色溶液，继续搅拌半小时后，采用 40 ℃水浴加热，1 h 后得到白色溶胶）

（4）将溶胶在 80 ℃下烘干，分别在 500 ℃、600 ℃下热处理得到白色二氧化钛粉体。

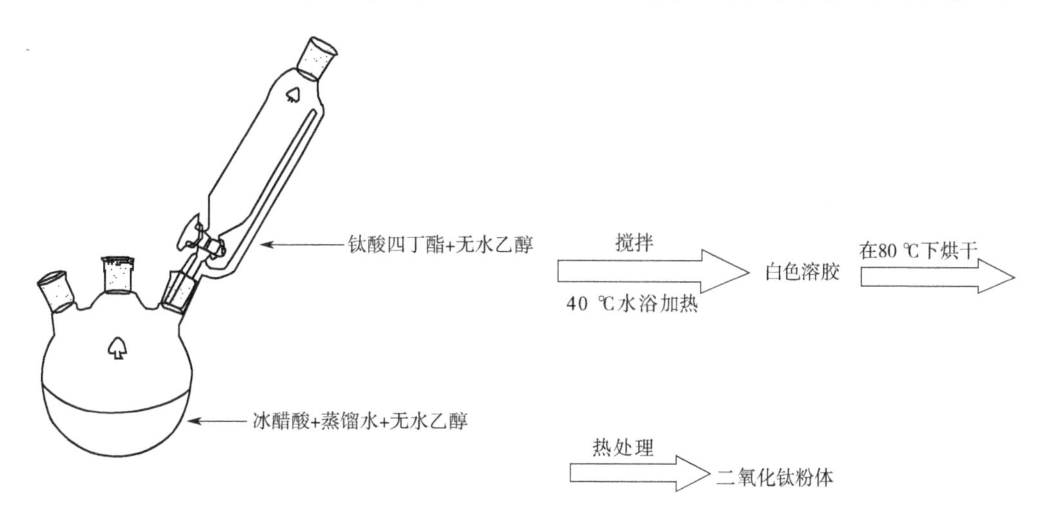

五、数据记录与处理

（1）称量热处理后的产品的质量，根据加入的钛酸四丁酯的量计算产率。

（2）每 15 min 测量一次反应体系的 pH 值，标绘 pH 值随时间变化的曲线。

六、思考题

（1）若要提高二氧化钛纳米粒子的均匀度，可以进行哪些改进？

（2）溶液的 pH 值在不同阶段发生变化的原因是什么？

七、注意事项

（1）滴加溶液时要剧烈搅拌，以防止在溶胶形成的过程中产生沉淀。

（2）所有仪器都必须是干燥的。

实验 14　丁烷氧化制顺丁烯二酸酐实验

一、实验目的

（1）学习固定床反应器的流程安排和一般控制原理，了解气固相催化反应中温度和气体空速（单位时间单位催化剂通过的原料气量）变化对反应过程的影响。

（2）学会使用气相色谱仪对气体进行定性和定量分析，掌握气体校正因子和气体真实含量的计算。

（3）掌握自动化控制仪表在实验中的应用，学会不同仪表的使用和温度设置，了解气体质量流量计的原理和使用，掌握气体流量的测定方法。

（4）了解六通阀的原理，了解气体自动进样分析的管路连接方式，了解色谱工作站的部分使用。

二、实验原理

丁烷催化氧化法是丁烷和空气（或者氧气）混合后通过气相催化部分氧化生成顺丁烯二酸酐，主要反应式如下。

主反应：

$$2C_4H_{10}+7O_2 \rightarrow 2C_4H_2O_3+8H_2O$$

副反应：

$$2C_4H_{10}+9O_2 \rightarrow 8CO+10H_2O$$

$$2C_4H_{10}+13O_2 \rightarrow 8CO_2+10H_2O$$

相对于苯催化氧化法，丁烷催化氧化法在很多方面具有优势。

（1）原料消耗小，顺丁烯二酸酐的理论产量高。苯催化氧化法理论产量为 1∶1.256（原料与顺丁烯二酸酐的质量比），而丁烷催化氧化法理论产量达到 1∶1.69（原料与顺丁烯二酸酐的质量比）。随着新的生产技术和高效催化剂的不断开发和应用，丁烷催化氧化法的原料消耗将比苯催化氧化法低得多，所以从原料消耗的角度来看，丁烷催化氧化法具有优势。

（2）丁烷毒性小，丁烷催化氧化法生产顺丁烯二酸酐对环境的污染小，因此在满足国家环保政策的要求和发展前途方面具有比苯催化氧化法强的生命力。

（3）丁烷的来源主要有石油炼厂的尾气、乙烯裂解装置的尾气、油田伴生气，来源广泛，因此丁烷催化氧化法较苯催化氧化法具有原料来源和价格优势。

工业上丁烷氧化制顺丁烯二酸酐使用的催化剂是钒磷复合氧化物（VPO），其主要组成是(VO)$_2$P$_2$O$_7$，P/V 约为 1.0。采用 XRD(X 射线衍射)、IR(红外光谱)、LRS(激光拉曼光谱)、ESR(电子自旋共振)和 SEM(扫描电子显微镜)等技术表征表明，VPO 的晶体形态有 α_{11}-VOPO$_4$、β-VOPO$_4$、γ-VOPO$_4$、δ-VOPO$_4$ 和(VO)$_2$P$_2$O$_7$ 等,在不同反应条件下各晶体形态之间可以相互转变。在丁烷氧化生成顺丁烯二酸酐的过程中，VPO 表面的晶格氧与酸中心起决定性作用,只有这两类活性中心协同作用才能实现丁烷的选择氧化。根据瞬态 DRIFTS(漫反射傅立叶变换红外光谱)研究获得的关于反应网络结构和晶格氧的作用的结论，提出下列与顺丁烯二酸酐的生成有关的表面反应。

VPO 上顺丁烯二酸酐生成的表面反应 1：

+O(L) ⇌ (L)+H$_2$O

(L)+O(L) ⟶ (L)+(L)

(L)+O(L) ⟶ (L)+H$_2$O+(L)

(L)+2O(L) ⟶ (L)+H$_2$O+2(L)

(L)+2O(L) ⟶ (L)+H$_2$O+2(L)

(L) ⇌ +(L)

VPO 上顺丁烯二酸酐生成的表面反应 2：

+O(L) ⇌ (L)+H$_2$O

(L)+O(L) ⟶ (L)+H$_2$O+(L)

(L)+O(L) ⟶ (L)+(L)

(L)+O(L) ⟶ (L)+H$_2$O+(L)

(L)+O(L) ⟶ (L)+(L)

(L)+2O(L) ⟶ (L)+H$_2$O+2(L)

(L) ⇌ +(L)

考虑到吸附氧是深度氧化氧源并忽略痕量中间产物的深度氧化，可近似列出下列深度

氧化反应:

$$C_4H_{10}+9O(S) \rightarrow 4CO+5H_2O+9(S)$$

$$C_4H_{10}+13O(S) \rightarrow 4CO_2+5H_2O+13(S)$$

$$C_4H_2O_3(L)+2O(S) \rightarrow 4CO+H_2O(L)+2(S)$$

$$C_4H_2O_3(L)+6O(S) \rightarrow 4CO_2+H_2O(L)+6(S)$$

实验流程如图 1 所示。

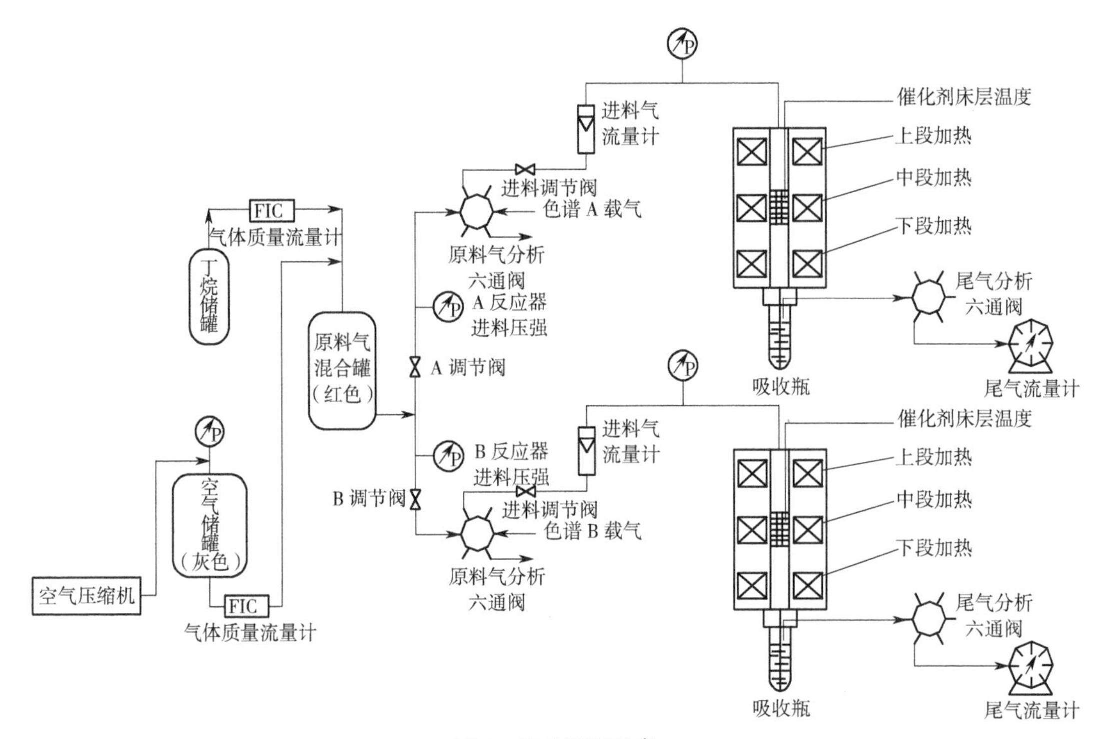

图 1 实验流程示意

三、实验仪器、装置与试剂

实验装置由原料气配气系统、反应器控温系统、反应器、产物吸收系统和气相色谱分析系统组成，具体介绍如下。

1)原料气配气系统

原料气配气系统由丁烷储罐、空气压缩机、空气储罐、丁烷和空气气体质量流量计、原料气混合罐组成。空气首先由压缩机进入空气储罐，然后经过减压阀流至质量流量计，流量计的读数由显示仪表显示，一般为 1 000 mL/min 左右(流量计的读数是气体在标准状态下的体积流量，不是实际测定状态下的体积流量或质量流量)，流量计的读数和气体的温度、压强没有太大的关系，可以换算为物质的量或质量。丁烷也经过减压阀流至质量流量计，一般根据实验条件将丁烷与空气的体积比控制在 0.016 以下，以免发生爆炸。丁烷气体质量流量计的读数乘以 0.29 才是丁烷的标准体积。空气和丁烷分别进入原料气混合罐的上部，并在罐内进行混合，当混合气体的压强达到 0.2 MPa 时，才能开始实验。配好的原料气从罐的下部出来，经过稳压阀、压力表和六通阀进入反应器的转子流量计，可以根据实验要求调节进料气的流量。

2）反应器控温系统

反应器采用三段加热，分别控制反应器的上段、中段和下段，每段加热功率都为 1 000 W。反应器上段加热主要对原料气进行预热，由位式仪表控制，该仪表使用时需设定高限和低限温度，控制精度较低，加热电流一般不大于 1.5 A。反应器中段加热由人工智能仪表控制，只需要设定一个温度，使用方便，控制精度高，用来控制床层中段的催化剂温度，加热电流不大于 1.5 A。反应器下段加热和反应器上段加热一样由位式仪表控制，主要用来防止产物顺丁烯二酸酐在反应器出口和底部凝结堵塞。

3）反应器

反应器由不锈钢制成，内径为 20 mm，长度为 500 mm。反应器底部装有起支撑作用的瓷环，中部装填有催化剂，装填量为 20 mL（堆体积），上部装有瓷环，用于对原料气进行加热。反应管插入三个加热炉中，三段分别由相应的仪表控制进行加热，为了达到最好的恒温效果，三段仪表的温度通常设置成相同的值，一般为反应所需要的温度。为了准确测量催化剂的温度，在开始装填催化剂的时候，首先在反应器中心插入一根一端封死的 ϕ3 mm 的金属管。准确测量催化剂在反应器内的起始高度，然后慢慢振荡加入用量筒准确测量体积并用天平称量质量的催化剂。催化剂装填完毕后，测量催化剂在反应器内的高度。金属管内可以插入热电偶，用于测量催化剂床层的中心温度，当热电偶在床层中上下移动时，可以测定床层的轴向温度分布，并确定床层的热点温度和位置。

4）产物吸收系统

丁烷通过催化剂床层时被空气氧化，大部分变成顺丁烯二酸酐，还有少量变成 CO 和 CO_2，产物和没有反应的气体一起从反应器下部排出，进入吸收瓶，产物中的顺丁烯二酸酐被水吸收，变成顺丁烯二酸，没有反应的气体经过六通阀分析丁烷的含量，然后经过湿式气体流量计计量尾气总体积后排入大气。

5）气相色谱分析系统

混合好的原料气和反应完毕的气体通过不同的六通阀进入气相色谱仪进行分析，色谱柱为邻苯二甲酸二壬酯，柱温为 95 ℃，检测室温度为 100 ℃，柱前压为 0.05 MPa，色谱峰的顺序为空气（0.2 min）、水（0.4 min）、丁烷（1.4~1.7 min）。由于水对结果没有太大的影响，且尾气里的水多处于吸收饱和状态，含量不高，故为了方便处理数据，一般把水峰视作空气峰。丁烷的含量采用归一法分析，因为原料气用质量流量计配气，可将其视为标准气体，根据原料气的色谱分析结果计算出丁烷相对于空气的校正因子，然后将几次分析得到的校正因子平均。将尾气的色谱分析结果用校正因子加以计算，可得到尾气中丁烷的真实含量。

四、实验步骤与方法

（1）调节反应器的转子流量计，使进料气的流量保持在 0.2 L/min。将吸收瓶洗净，加入水(至约2/3容积处),并记录湿式气体流量计的读数。

(2)打开主电源,然后打开上、中、下三段加热电源,再打开显示仪表电源。按仪表使用说明将三段的加热温度都设为360 ℃,保持每段的加热电流都不超过1.5 A。

(3)在反应器中段装填催化剂,然后使用程序仪表控制温度。按“设定”键,设定灯开始闪烁,此时可通过上、下键将温度调到需要的数值,再按“设定”键即可完成设置。

(4)当反应器各段的温度都达到设定值后再稳定15 min,然后开始正式实验。将吸收瓶清洗干净,然后加入适量的水,使出气管能在水中鼓泡即可。记录湿式气体流量计的读数,记录开始实验的时间,以换上吸收瓶的时间为准。

(5)在该温度下持续实验30 min,在30 min内应分析原料气和尾气中丁烷的含量两次,并记录反应温度、床层的中心温度和热点温度。实验结束后取下吸收瓶,记录湿式气体流量计的读数,实验前后的差值即30 min内反应器排出的尾气的体积。吸收瓶内的酸溶液用稀碱溶液滴定。

(6)将反应器各段的加热温度都设为380 ℃,待温度稳定后重复步骤(5),再做两组实验;然后将反应器各段的加热温度都设为400 ℃,待温度稳定后重复步骤(5),再做两组实验。

(7)色谱仪采用六通阀进样,将六通阀置于进样位置,在色谱工作站中操作到出现“确定”键后,逆时针转动六通阀,使样品进入六通阀的定量管,20 s以后点击色谱工作站中的“确定”键,同时将六通阀转到进样位置。

五、数据记录与处理

1)数据记录

原料气流量:空气________,丁烷________。设备:____号。

温度、湿式气体流量计读数、色谱分析结果分别记录在表1~表3中。

表1 温度记录表

设定温度/℃	时间	上段加热温度/℃	中段加热温度/℃	下段加热温度/℃	热点温度/℃
360					
380					

续表

设定温度/℃	时间	上段加热温度/℃	中段加热温度/℃	下段加热温度/℃	热点温度/℃
400					

表 2　湿式气体流量计读数记录表

设定温度/℃	初始读数/L	终了读数/L	所测量体积/L	所用 NaOH 溶液体积/mL
360				
380				
400				

表 3　色谱分析结果记录表

设定温度/℃	气体	物质	保留时间/s	峰面积	峰面积百分比/%
360	原料气 1	空气			
		丁烷			
	原料气 2	空气			
		丁烷			
	尾气 1	空气			
		丁烷			
	尾气 2	空气			
		丁烷			
380	原料气 1	空气			
		丁烷			
	原料气 2	空气			
		丁烷			
	尾气 1	空气			
		丁烷			
	尾气 2	空气			
		丁烷			

续表

设定温度/℃	气体	物质	保留时间/s	峰面积	峰面积百分比/%
400	原料气 1	空气			
		丁烷			
	原料气 2	空气			
		丁烷			
	尾气 1	空气			
		丁烷			
	尾气 2	空气			
		丁烷			

2)数据处理

(1)计算原料气中丁烷的含量。

(2)计算丁烷相对于空气的校正因子,结果填在表 4 中。

表 4 校正因子计算结果

设定温度/℃	气体	校正因子	校正因子平均值
360	原料气 1		
	原料气 2		
380	原料气 1		
	原料气 2		
400	原料气 1		
	原料气 2		

(3)计算尾气中丁烷的含量,结果填在表 5 中。

表 5 尾气中丁烷的含量计算结果

设定温度/℃	气体	尾气中丁烷的含量/%	尾气中丁烷的平均含量/%
360	尾气 1		
	尾气 2		
380	尾气 1		
	尾气 2		
400	尾气 1		
	尾气 2		

(4)计算丁烷的转化率 X,结果填在表 6 中。

(5)计算顺丁烯二酸酐的收率 Y,结果填在表 6 中。

（6）计算顺丁烯二酸酐的选择性 S，结果填在表 6 中。

表 6　丁烷的转化率、顺丁烯二酸酐的收率和选择性计算结果

设定温度/℃	X/%	Y/%	S/%
360			
380			
400			

六、思考题

（1）为什么在用质量流量计准确配制原料气后，还要用色谱分析原料气？
（2）如何计算气体的校正因子？如何准确计算气体的浓度？
（3）怎样确定反应温度？反应温度对实验结果有什么影响？
（4）利用尾气流量计计算顺丁烯二酸酐的收率和选择性有什么误差？如何修正？

七、注意事项

（1）空气、丁烷混合必须控制在爆炸极限范围以外。
（2）换吸收瓶时必须小心、仔细。

实验 15　一氧化碳中温 - 低温串联变换反应

一、实验目的

（1）了解多相催化反应的有关知识，初步接触工艺设计思想。
（2）掌握气固相催化反应动力学的实验研究方法和催化剂活性的评价方法。
（3）掌握变换反应的速率常数 k_T 与活化能 E 的计算。

二、实验原理

一氧化碳变换生成二氧化碳和氢气的反应是石油化工与合成氨生产中的重要过程。一氧化碳变换反应的化学反应式为

$$CO+H_2O \rightleftharpoons CO_2+H_2$$

该反应必须在有催化剂存在的条件下进行。中温变换采用铁基催化剂，反应温度为 350~500 ℃；低温变换采用铜基催化剂，反应温度为 220~320 ℃。

一氧化碳的变换率的计算公式为

$$\alpha = \frac{y_{\mathrm{CO,d}}^{0} - y_{\mathrm{CO,d}}^{1}}{y_{\mathrm{CO,d}}^{0}\left(1+y_{\mathrm{CO,d}}^{1}\right)} = \frac{y_{\mathrm{CO_2,d}}^{1} - y_{\mathrm{CO_2,d}}^{0}}{y_{\mathrm{CO,d}}^{0}\left(1+y_{\mathrm{CO,d}}^{1}\right)} \tag{1}$$

式中　$y_{CO,d}^{0}$——反应器入口 CO 的干基摩尔分数；

$y_{CO,d}^{1}$——反应器出口 CO 的干基摩尔分数；

$y_{CO_2,d}^{1}$——反应器出口 CO_2 的干基摩尔分数；

$y_{CO_2,d}^{0}$——反应器入口 CO_2 的干基摩尔分数。

根据研究，铁基催化剂上一氧化碳中温变换反应的本征动力学方程可表示为

$$r_1 = -\frac{dN_{CO}}{dW} = \frac{dN_{CO_2}}{dW} = k_{T_1} p_{CO} p_{CO_2}^{-0.5}\left(1 - \frac{p_{CO_2} p_{H_2}}{K_p p_{CO} p_{H_2O}}\right) = k_{T_1} f_1(p_i) \tag{2}$$

式中　r_1——中温变换反应速率；

N_{CO}——CO 的摩尔流量；

W——催化剂的质量；

N_{CO_2}——CO_2 的摩尔流量；

k_{T_1}——中温变换反应的速率常数；

p_{CO}——CO 的分压；

p_{CO_2}——CO_2 的分压；

p_{H_2}——H_2 的分压；

K_p——以组分分压表示的平衡常数；

p_{H_2O}——H_2O 的分压；

$f_1(p_i)$——中温变换反应组分 i 的分压的函数。

铜基催化剂上一氧化碳低温变换反应的本征动力学方程可表示为

$$r_2 = -\frac{dN_{CO}}{dW} = \frac{dN_{CO_2}}{dW} = k_{T_2} p_{CO} p_{H_2O}^{0.2} p_{CO_2}^{-0.5} p_{H_2}^{-0.2}\left(1 - \frac{p_{CO_2} p_{H_2}}{K_p p_{CO} p_{H_2O}}\right) = k_{T_2} f_2(p_i) \tag{3}$$

式中　r_2——低温变换反应速率；

k_{T_2}——低温变换反应的速率常数；

$f_2(p_i)$——低温变换反应组分 i 的分压的函数。

$$K_p = \exp\left[2.302\,6 \times \left(\frac{2\,185}{T} - \frac{0.110\,2}{2.302\,6}\ln T + 0.621\,8 \times 10^{-3} T - 1.060\,4 \times 10^{-7} T^2 - 2.218\right)\right] \tag{4}$$

式中　T——温度，K。

在恒温下，根据积分反应器的实验数据，按下式计算反应速率常数：

$$k_T = \frac{V_{入} y_{CO}^{0}}{22.4W}\int_0^{\alpha_{出}} \frac{d\alpha}{f(p_i)} \tag{5}$$

式中　$V_{入}$——反应器入口气体的湿基流量；

y_{CO}^{0}——反应器入口 CO 的湿基摩尔分数；

$\alpha_{出}$——反应器出口 CO 的变换率；

$f(p_i)$——组分 i 的分压的函数。

采用图解法或编程计算法，就可由式(5)得到某一温度下的反应速率常数。测得多个温度下的反应速率常数，即可根据阿伦尼乌斯方程 $k_T = k_0 e^{-\frac{E}{RT}}$ 求得指前因子 k_0 和活化能 E。

由于在中温变换反应后引出部分气体进行分析，故低温变换反应气体的流量需重新计量，低温变换反应气体的入口组成等于中温变换反应气体的出口组成：

$$y_{H_2O}^1 = y_{H_2O}^0 - y_{CO}^0 \alpha_1 \tag{6}$$

$$y_{CO}^1 = y_{CO}^0 (1 - \alpha_1) \tag{7}$$

$$y_{CO_2}^1 = y_{CO_2}^0 + y_{CO}^0 \alpha_1 \tag{8}$$

$$y_{H_2}^1 = y_{H_2}^0 + y_{CO}^0 \alpha_1 \tag{9}$$

$$V_2 = V_1 - V_{分} = V_0 - V_{分} \tag{10}$$

$$V_{分} = V_{分,d}(1 + R_1) = V_{分,d} \times \frac{1}{1 - \left(y_{H_2O}^0 - y_{CO}^0 \alpha_1\right)} \tag{11}$$

式中　$y_{H_2O}^1$——反应器出口 H_2O 的湿基摩尔分数；

$y_{H_2O}^0$——反应器入口 H_2O 的湿基摩尔分数；

α_1——中温变换反应 CO 的变换率；

y_{CO}^1——反应器出口 CO 的湿基摩尔分数；

$y_{CO_2}^1$——反应器出口 CO_2 的湿基摩尔分数；

$y_{CO_2}^0$——反应器入口 CO_2 的湿基摩尔分数；

$y_{H_2}^1$——反应器出口 H_2 的湿基摩尔分数；

$y_{H_2}^0$——反应器入口 H_2 的湿基摩尔分数；

V_2——低温变换反应器中气体的湿基流量；

V_1——中温变换反应器中气体的湿基流量；

$V_{分}$——中温变换后引出分析的气体的湿基流量；

V_0——中温变换反应器入口气体的湿基流量；

$V_{分,d}$——中温变换后引出分析的气体的干基流量；

R_1——低温变换反应器入口的汽气比。

转子流量计计量的 $V_{分,d}$ 需进行换算，因此需求出中温变换反应器出口各组分的干基摩尔分数：

$$y_{CO,d}^1 = \frac{y_{CO,d}^0 (1 - \alpha_1)}{1 + y_{CO,d}^0 \alpha_1} \tag{12}$$

$$y_{CO_2,d}^1 = \frac{y_{CO_2,d}^0 + y_{CO,d}^0 \alpha_1}{1 + y_{CO,d}^0 \alpha_1} \tag{13}$$

$$y_{H_2,d}^1 = \frac{y_{H_2,d}^0 + y_{CO,d}^0 \alpha_1}{1 + y_{CO,d}^0 \alpha_1} \tag{14}$$

$$y_{N_2,d}^1 = \frac{y_{N_2,d}^0}{1 + y_{CO,d}^0 \alpha_1} \tag{15}$$

式中 $y_{H_2,d}^{1}$——反应器出口 H_2 的干基摩尔分数；

$y_{H_2,d}^{0}$——反应器入口 H_2 的干基摩尔分数；

$y_{N_2,d}^{1}$——反应器出口 N_2 的干基摩尔分数；

$y_{N_2,d}^{0}$——反应器入口 N_2 的干基摩尔分数。

同理，可得到低温变换反应的速率常数和活化能。

实验用原料气 N_2、H_2、CO_2、CO 由钢瓶供应，四种气体分别经过净化后由稳压器稳定压强，然后经各自的流量计计量后汇成一股，放空多余的气体，所需的气体进入脱氧槽脱除微量氧，经总流量计计量后进入饱和器，定量加入水蒸气，再经保温管道进入中温变换反应器。反应后的少量气体引出冷却、分离水分后进行计量、分析，大量气体进入低温变换反应器。反应后的气体冷却、分离水分，经分析后排放。实验流程如图 1 所示。

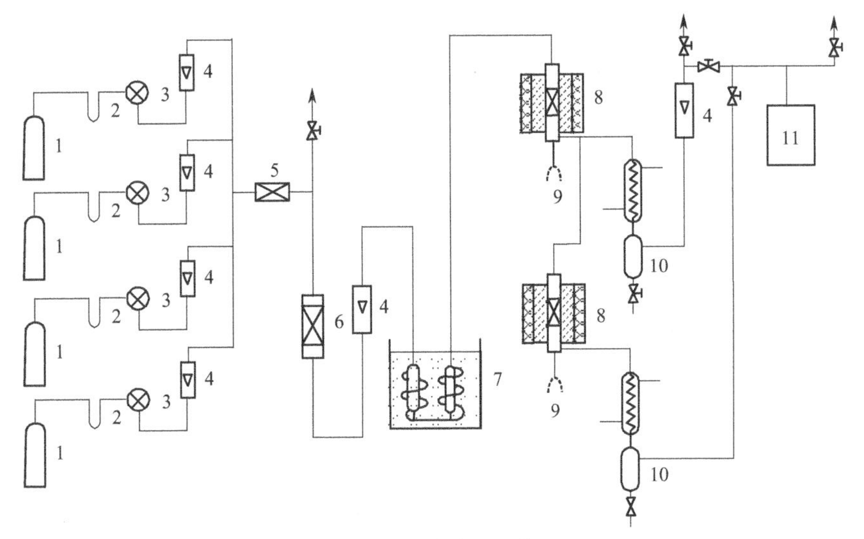

图 1 实验流程示意

1—钢瓶；2—净化器；3—稳压器；4—流量计；5—混合器；6—脱氧槽；
7—饱和器；8—反应器；9—热电偶；10—分离器；11—气相色谱仪

三、实验仪器、装置与试剂

典型实验装置的组态工程如图 2 所示。

四、实验步骤与方法

1)开车

(1)检查系统是否处于正常状态。

(2)打开氮气钢瓶，置换系统内的空气约 5 min。

(3)打开反应器控温仪电源，缓慢升高反应器的温度，同时使脱氧槽缓慢升温至 200 ℃，然后保持恒定。

(4)待反应器催化剂床层温度升至 100 ℃后，打开管道保温电源和饱和器加热电源，同时打开冷却水，饱和器的温度应恒定在实验温度下。

（5）待反应器温度达到实验条件后，将气源切换成原料气，稳定 20 min 左右，随后进行分析，记录实验条件和分析数据。

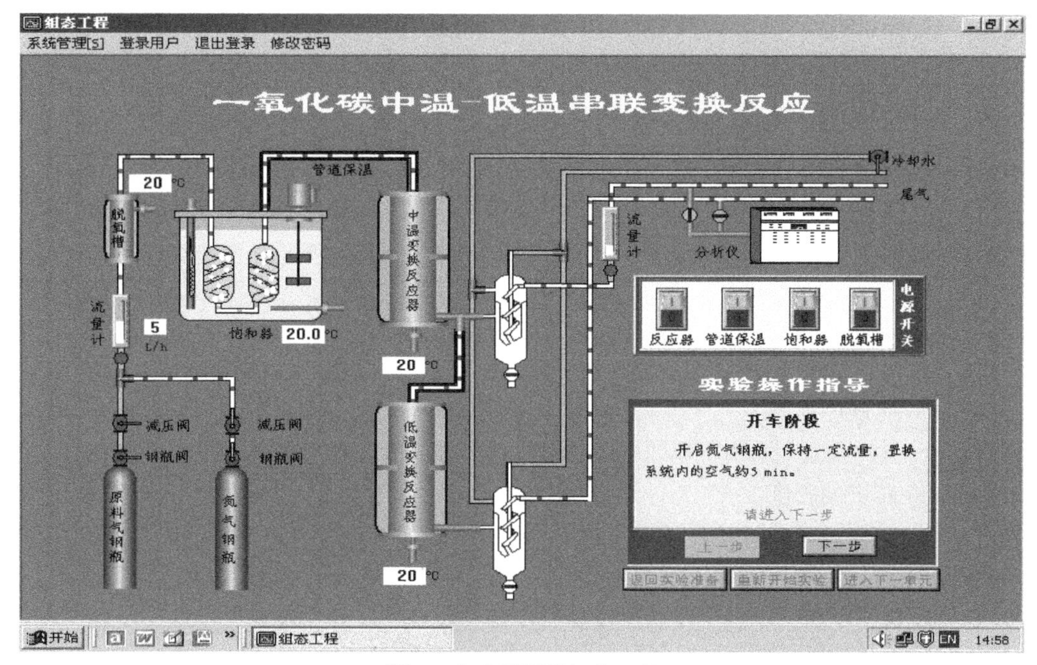

图 2　实验装置的组态工程

2）停车

（1）关闭原料气钢瓶，将气源切换成氮气，关闭反应器控温仪电源。

（2）关闭饱和器加热电源，置换水浴热水。

（3）关闭管道保温电源，待反应器催化剂床层温度低于 200 ℃后，关闭脱氧槽加热电源，关闭冷却水和氮气钢瓶，关闭各仪表电源和总电源。

五、数据处理与记录

1）数据记录

实验数据记录在表 1 中。

表 1　实验数据记录表

室温：__________　　　大气压：__________

序号	反应温度/℃		流量/（L/h）						饱和器温度/℃	系统静压/Pa	CO_2 分析值/%	
	中温变换	低温变换	CO	CO_2	H_2	N_2	总	分析气体			中温变换	低温变换
1												
2												
3												
4												

2)数据处理

(1)转子流量计的校正。

转子流量计是用 20 ℃的水或 20 ℃、0.1 MPa 的空气标定的,故各流体需进行校正。

$$\rho_i = \frac{pM_i}{RT} \tag{16}$$

$$V_i = V_{i,读}\sqrt{\frac{(\rho_f - \rho_i)}{(\rho_f - \rho_0)}\frac{\rho_0}{\rho_i}} \tag{17}$$

式中 ρ_i——流体的密度;

p——压强;

M_i——流体的摩尔质量;

R——气体常数;

V_i——流体的流量;

$V_{i,读}$——由流量计读出的流量;

ρ_f——转子的密度;

ρ_0——标定流体的密度。

(2)汽水比的计算。

$$R_0 = \frac{p_{H_2O}}{p_a + p_g - p_{H_2O}} \tag{18}$$

$$\ln p_{H_2O} = A - \frac{B}{C+t} \tag{19}$$

式中 R_0——中温变换反应器入口的汽气比;

p_a——大气压;

p_g——表压;

A、B、C——物性常数,$A = 7.074\,06$、$B = 1\,657.16$、$C = 227.02$(10~168 ℃);

t——温度, ℃。

六、思考题

(1)在实验中气体如何净化?净化的作用有哪些?

(2)在实验中氮气的作用是什么?

七、注意事项

(1)升温要平稳,速度不要太快。

(2)在实验过程中有水蒸气加入,为避免水蒸气在反应器内冷凝使催化剂结块,在反应器催化剂床层温度升至 150 ℃以后才能启用饱和器,停车时要在反应器催化剂床层温度降到 150 ℃以前关闭饱和器。

(3)由于在无水条件下催化剂会被原料气过度还原而失活,故在原料气通入系统前要加入水蒸气,停车时必须先切断原料气,后切断水蒸气。

实验 16　固定床催化丙烷脱氢制丙烯实验

一、实验目的

（1）了解固定床反应器的基本原理和特点，熟悉其操作流程和操作方法。

（2）测定某一温度区间（550~630 ℃）内负载型氧化铝催化剂上丙烷脱氢制备丙烯反应的效果并总结规律。

（3）测定不同批次催化剂的反应效果并探讨。

二、实验原理

在工业上，丙烯的来源主要有以下三个。

（1）裂解丙烯，这部分丙烯主要来源于乙烯裂解装置，是乙烯联产的产物。

（2）石油炼厂丙烯，这部分丙烯是从催化裂化炼厂气中分离出来的。

（3）其他新工艺制得的丙烯，目前这些工艺主要有丙烷脱氢（PDH）、深度催化裂化（DCC）、甲醇制丙烯（MTP）。

目前，丙烷脱氢制丙烯的催化剂主要分为丙烷直接脱氢催化剂和丙烷氧化脱氢催化剂两大类。丙烷直接脱氢催化剂主要有 Cr 系催化剂和 Pt 系催化剂，丙烷氧化脱氢催化剂根据氧化剂的不同可分为氧气氧化型催化剂（如 V 系催化剂、Mo 系催化剂、稀土型催化剂等）和二氧化碳氧化型催化剂（如 Ga 基催化剂、In 基催化剂等）。工业上使用最广泛的是 Cr 系催化剂和 Pt 系催化剂。

对 Cr_2O_3/Al_2O_3 催化剂来说，目前研究的问题集中在催化剂活性中心上，原因在于 Cr 在氧化铝表面有 Cr^{2+}、Cr^{3+}、Cr^{5+}、Cr^{6+} 等价态。Cr 系催化剂在丙烷脱氢过程中的反应机理与 Cr^{n+} 有很大的关系，但由于反应条件和测试方法存在着一定的差异，对反应的速率控制步骤和催化剂活性中心仍存在不同的观点。目前，认可度较高的是丙烷在 Cr 系催化剂表面发生脱氢反应，机理如图 1 所示。反应主要分为以下三个步骤：

（1）丙烷在孤立的或者呈团簇的不饱和的 Cr^{n+} 中心发生吸附；

（2）丙烷中的 C—H 键断裂，同时形成 Cr—C 键和 O—H 键；

（3）在催化剂表面形成丙烯并脱附，随着丙烯脱附，在催化剂表面形成氢气并脱附，催化剂表面的活性位点复原。

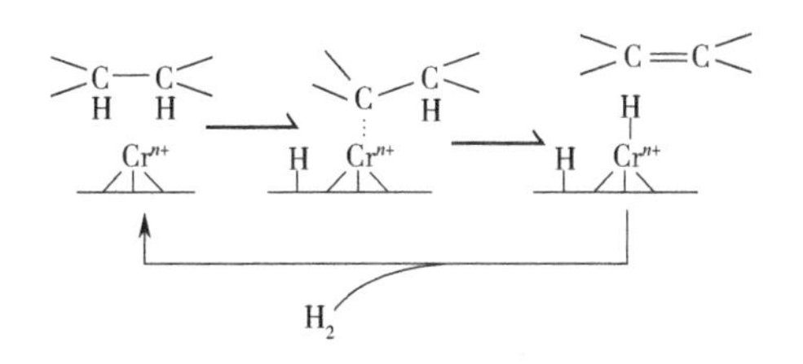

图 1　丙烷在 Cr 系催化剂表面发生脱氢反应的机理

三、实验仪器、装置与试剂

催化剂评价在实验室自己搭建的微型固定床反应器中进行，反应器由气路、加热炉、控温和测温仪表、流量控制器、压力表等组成。催化反应在ϕ10 mm×400 mm的石英玻璃管中进行。评价用催化剂呈颗粒状，大小为40~60目，用量为1.0 mL，质量约为1.0 g。催化剂在石英玻璃管内用耐火纤维固定，催化剂层上、下填有石英砂。催化剂在氮气环境中进行升温—保温—升温预处理，直至达到催化反应所需的温度。反应产生的尾气为甲烷、乙烷、乙烯、丙烯和丙烷等气体的混合气，通过六通阀取样、进样，用气相色谱仪在线分析尾气中各组分的含量。气相色谱使用高纯氮气（99.99%）作为载气，色谱柱为Al_2O_3/KCl毛细管柱（30 m×0.535 mm×15.00 μm），检测器为FID（火焰离子化检测器），进样口温度为80 ℃，柱温为40 ℃，检测器温度为120 ℃。催化剂评价装置简图如图2所示。

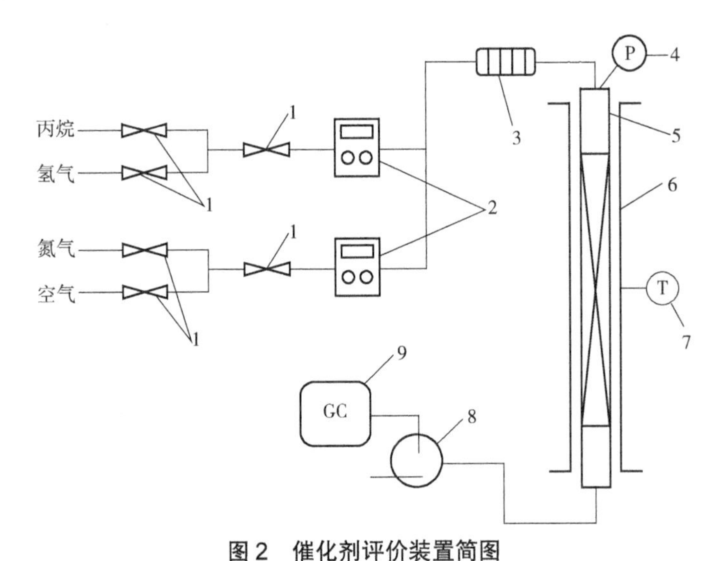

图2 催化剂评价装置简图

1—截止阀；2—质量流量计；3—预热器；4—压力表；5—固定床反应器；
6—加热炉；7—控温、测温热电偶；8—六通阀；9—气相色谱仪

四、实验步骤与方法

（1）为了消除内扩散的影响，首先对催化剂进行研磨，取60~80目的作为实验用催化剂样品。准确称取1 g催化剂样品，装入反应管中。反应管上、下层的惰性物可以选用石英砂、小玻璃球或6201担体。催化剂必须位于加热炉的恒温区域内。

（2）催化剂活化、再生。使用新催化剂时，必须于300~400 ℃下在保护气流（采用N_2即可）中活化2 h，然后用N_2吹扫并调整到实验条件下加料进行实验。催化剂使用一段时间后要用空气再生，再生前先用N_2吹扫15 min，然后在550 ℃下通空气再生30 min，实验前再用N_2吹扫15 min。

（3）数据稳定（约60 min）后需按时记录反应温度、气体流速、稀释气体量等，并及时取样分析（3~5 min为一个测试周期）。

五、数据记录与处理

反应后的尾气进入气相色谱仪分析主要成分的含量,然后采用归一法计算尾气中甲烷、乙烷、乙烯、丙烯和丙烷等气体的质量分数。丙烷脱氢尾气的典型气相色谱图如图 3 所示。

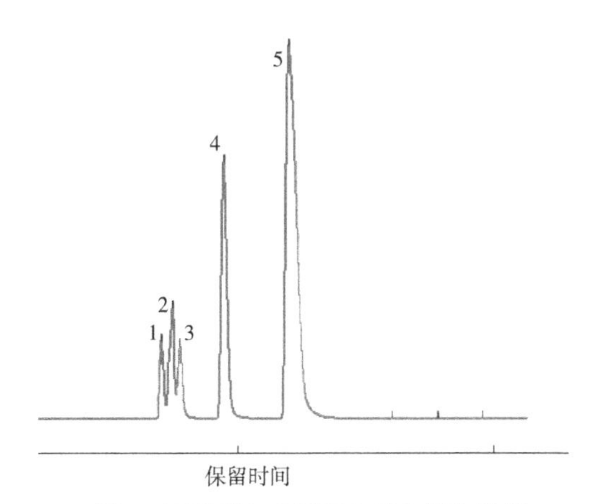

图 3 丙烷脱氢典型尾气的气相色谱图

1—甲烷;2—乙烷;3—乙烯;4—丙烷;5—丙烯

反应过程中有氢气生成,但无法用气相色谱分析其含量,为了减小这一情况导致的误差,根据计算得到的烷烃、烯烃的质量分数,用碳原子守恒的方法计算出催化反应过程中丙烷的转化率、丙烯的选择性和丙烯的收率,具体计算方法如下。

丙烷的转化率(conversion)

$$C=\frac{\text{反应前丙烷的碳原子分数}n_{C_3,0}-\text{反应后丙烷的碳原子分数}n_{C_3,1}}{\text{反应前丙烷的碳原子分数}n_{C_3,0}}\times 100\%$$

其中,反应前丙烷的碳原子分数

$$n_{C_3,0}=\frac{3w_{C_3,0}/44}{w_{C_1,0}/16+2w_{C_2,0}/30+2w_{C_2^=,0}/28+3w_{C_3,0}/44+3w_{C_3^=,0}/42}$$

反应后丙烷的碳原子分数

$$n_{C_3,1}=\frac{3w_{C_3,1}/44}{w_{C_1,1}/16+2w_{C_2,1}/30+2w_{C_2^=,1}/28+3w_{C_3,1}/44+3w_{C_3^=,1}/42}$$

丙烯的选择性(selectivity)

$$S=\frac{\text{反应后丙烯的碳原子分数}n_{C_3^=,1}-\text{反应前丙烯的碳原子分数}n_{C_3^=,0}}{\text{丙烷的转化率}C}\times 100\%$$

其中,反应前丙烯的碳原子分数

$$n_{C_3^=,0}=\frac{3w_{C_3^=,0}/42}{w_{C_1,0}/16+2w_{C_2,0}/30+2w_{C_2^=,0}/28+3w_{C_3,0}/44+3w_{C_3^=,0}/42}$$

反应后丙烯的碳原子分数

$$n_{C_3^=,1}=\frac{3w_{C_3^=,1}/42}{w_{C_1,1}/16+2w_{C_2,1}/30+2w_{C_2^=,1}/28+3w_{C_{3,1}}/44+3w_{C_3^=,1}/42}$$

丙烯的收率(yield)

$$Y = C \times S \times 100\%$$

式中，w 表示组分的质量分数，其下标 C_1、C_2、$C_2^=$、C_3、$C_3^=$ 分别表示甲烷、乙烷、乙烯、丙烷、丙烯，0 表示反应前的状态，1 表示反应后的状态。

六、思考题

(1)固定床反应器的重要应用有哪些？

(2)影响测量精度的因素有哪些？

(3)如何确定空速？

七、注意事项

(1)本实验为高温实验，必须保证实验装置安全运行。

(2)为了使催化剂床层横截面上的气流分布均匀，一般要求床层直径 D 与催化剂粒径 d 之比为 6~12。

第 7 章　精细化工实验

实验 17　高级化妆品的制备

一、实验目的

(1)掌握制备 O/W 型乳化霜膏的实验方法与操作。
(2)了解皂基乳化的原理和配方。

二、实验原理

乳化技术是化妆品生产中重要的技术之一。由生活经验可知,化妆品的剂型以乳化型居多,如润肤露、护肤霜等。在化妆品的原料中,既有亲水性成分,如水、防腐剂等;也有亲油性成分,如油脂、高级脂肪酸、醇、酯、香料等。要使它们混合为一体,需进行良好的乳化。

使用护肤霜可使皮肤细腻、光滑,同时对皮肤有清洁作用。营养型护肤霜是在一般护肤霜的基础上加入皮肤营养品(如蜂蜜、磷脂、维生素等),从而使皮肤滋润,延缓衰老,保持细胞活力。

乳化反应如下:

$$C_{17}H_{35}COOH+KOH \rightleftharpoons C_{17}H_{35}COOK+H_2O$$

三、实验仪器、装置与试剂

300 mL 烧杯(3 只)、电动搅拌器或搅拌棒、加热套、150 ℃温度计(2 支)、500 g 台秤、10 mL 量筒和 100 mL 量筒、pH 试纸。

四、实验步骤与方法

1)配方

(1)A 组分(油相)。

硬脂酸(三压)	10%(质量分数,下同)
硬脂酸单甘油酯	3%
液体石蜡	6%
十六醇	1%
十八醇	1%
甘油	8%
羊毛脂	1%

平平加	1%
凡士林	1%
尼泊金丙酯	0.1%

（2）B组分（水相）。

KOH（固体）	0.2%
维生素E	1%
维生素C	1%
尼泊金甲酯	0.2%
蒸馏水	

（3）C组分（香精，后期加）。

2）制法

按配方准确称量上述试剂，先将A组分置于300 mL的烧杯中，不断搅拌，加热至80 ℃，使之成为均匀、透明的液相。再将B组分置于另一只300 mL的烧杯中，加热至80~85 ℃，保持20 min灭菌，制得水相。当两相的温度在80 ℃左右时，在搅拌下将水相匀速加入油相中，搅拌（150 r/min）20 min缓慢降温，并逐渐降低搅拌速度。在55~60 ℃时加入香精，继续搅拌，待出现均匀、细腻的膏体后，在45 ℃左右停止搅拌。如膏体较粗，可以倒入研钵中研磨。

五、数据记录与处理

（1）记录所制备样品的黏度。

（2）将样品涂抹在手背上，体会其对皮肤的滋润感觉，可与市售商品进行效果对比。

六、思考题

（1）上述配方中哪些物质属于油相？哪些物质属于水相？

（2）为什么油相、水相必须先加热后混合？

七、注意事项

在A组分和B组分混合乳化时，要保持搅拌方向不变，以使乳化均匀；搅拌速度要保持稳定，以使油相和水相充分混合；切忌高速搅拌，否则空气会混入乳化液。

实验18　通用液体洗衣剂的制备

一、实验目的

（1）掌握制备通用液体洗衣剂的工艺。

（2）了解通用液体洗衣剂中各组分的作用和配方的原理。

二、实验原理

1)液体洗衣剂的主要性质和分类

液体洗衣剂(liquid detergent)为无色或淡蓝色的、均匀的黏稠液体,是液体洗涤剂的一种,易溶于水。液体洗涤剂是仅次于粉状洗涤剂的第二大类洗涤制品。因为液体洗涤剂具有诸多显著的优点,所以洗涤剂由固体向液体发展是必然的趋势。

最早出现的液体洗衣剂是不加助剂或加很少助剂的中性洗衣剂,基本属于轻垢液体洗衣剂,这类液体洗衣剂的配方比较简单。后来出现的重垢液体洗衣剂有不加助剂的,但更多的是加助剂的。重垢液体洗衣剂中表面活性剂的含量比较高,所加的助剂种类也比较多,配方比较复杂。液体洗衣剂除了上述两种外,还有织物干洗剂,它是无水洗衣剂,专门用于洗涤毛呢、丝绸、化纤等面料的衣物;预去斑剂,用于衣物局部(如领口、袖口)重垢的洗涤。此外,还有织物漂白剂、柔软整理剂、消毒洗衣剂。

上述液体洗衣剂是按用途分类的,其中用量最大的是重垢液体洗衣剂,其次是轻垢液体洗衣剂。本实验主要研究这两种类型的洗衣剂,称其为通用液体洗衣剂。

2)设计液体洗衣剂配方的原则

设计液体洗衣剂首先要考虑洗涤性能,既要有强的去垢力,又不得损伤衣物。其次要考虑经济性,即工艺简单,配方合理。最后要考虑适用性,既要符合我国的国情和人们的洗涤习惯,还要注重配方的先进性等。总之,要通过合理的配方设计,使制得的产品性能优良、成本低廉,并且有广阔的市场。

3)液体洗衣剂的组成

(1)表面活性剂。

液体洗衣剂中使用最多的表面活性剂是烷基苯磺酸钠,但国外已基本实现向醇系表面活性剂转向,以脂肪醇为起始原料的表面活性剂广泛用于液体洗衣剂中,包括脂肪醇聚氧乙烯醚、脂肪醇硫酸酯盐、脂肪醇聚氧乙烯醚硫酸盐等。在阴离子表面活性剂中,α-烯基磺酸盐被认为是最有前途的。在非离子表面活性剂中,烷基醇酰胺是重要的一种。

(2)助剂。

液体洗衣剂常用的助剂如下。①螯合剂。最常用、性能最好的螯合剂是三聚磷酸钠,但它会使液体洗衣剂变混浊,并会污染水体,近年来逐步被淘汰。乙二胺四乙酸二钠对金属离子的螯合能力最强,而且可使溶液的透明度提高,但价格较高。②增稠剂。常用的有机增稠剂有天然树脂、合成树脂、聚乙二醇酯等。常用的无机增稠剂有氯化钠、氯化铵。③助溶剂。常用的助溶剂有烷基苯磺酸钠、低分子醇、尿素。④溶剂。常用的溶剂有软化水、去离子水。⑤柔软剂。常用的柔软剂分为实验离子型和两性离子型(一般洗衣剂中不用)。⑥消毒剂。目前大量使用的是含氯消毒剂,如次氯酸钠、次氯酸钙、氯化磷酸三钠、氯胺T、二氯异氰尿酸钠等(一般洗衣剂中不用)。⑦漂白剂。常用的漂白剂为过氧化盐,如过硼酸钠、过碳酸钠、过碳酸钾、过焦酸钠等(一般洗衣剂中不用)。⑧酶制剂。常用的酶制剂有淀粉酶、蛋白酶、脂肪酶等。加入酶制剂可提高产品的去污力。⑨抗污垢再沉积剂。常用的抗污垢再沉积剂有羧甲基纤维素钠、硅酸钠等。⑩碱剂。常用的碱剂有纯碱、小苏打、乙醇胺、氨水、硅酸钠、磷酸三钠等。⑪ 香精。⑫ 色素。

上述表面活性剂和助剂可以根据其性能和产品的要求进行复配。

本实验提供了四个通用液体洗衣剂的配方，同学们可根据实验材料和仪器的情况，选择其中的一个或两个进行实验。

三、实验仪器、装置与试剂

（1）实验仪器：电炉、水浴锅、电动搅拌器、烧杯（100 mL、250 mL）、量筒（10 mL、100 mL）、滴管、托盘天平、温度计（0~100 ℃）。

（2）主要实验试剂：十二烷基苯磺酸钠（30%），椰油酸二乙醇酰胺（70%），壬基酚聚氧乙烯醚（70%），食盐，纯碱，水玻璃（40%），三聚磷酸钠，香精，色素，pH 试纸，脂肪醇聚氧乙烯醚硫酸钠（70%），硫酸（10%），炭黑污布、皮脂污布、蛋白污布各 4 片。

四、实验步骤与方法

液体洗衣剂的配方如表 1 所示。

表 1　液体洗衣剂的配方

成分	配方 A	配方 B	配方 C	配方 D
十二烷基苯磺酸钠	20.0%	30.0%	30.0%	10.0%
壬基酚聚氧乙烯醚	8.0%	5.0%	3.0%	3.0%
椰油酸二乙醇酰胺	5.0%	5.0%	4.0%	4.0%
脂肪醇聚氧乙烯醚硫酸钠			3.0%	3.0%
二甲基苯磺酸钾			2.0%	
十二烷基二甲基胺乙内酯				2.0%
荧光增白剂			0.1%	0.1%
碳酸钠	1.0%		1.0%	
水玻璃	2.0%	2.0%	1.5%	
三聚磷酸钠		2.0%		
氯化钠	1.5%	1.5%	1.0%	2.0%
色素	适量	适量	适量	适量
香精	适量	适量	适量	适量
羧甲基纤维素				5.0%
蒸馏水	加至 100 mL	加至 100 mL	加至 100 mL	加至 100 mL

注：表中数值为质量分数。

以配方 C 为例，实验步骤如下。

（1）按配方将蒸馏水加入 250 mL 的烧杯中，将烧杯放入水浴锅中，加热使温度升到

60 ℃,慢慢加入脂肪醇聚氯乙烯醚硫酸钠，并不断搅拌,至脂肪醇聚氯乙烯醚硫酸钠全部溶解为止。搅拌时间约为 20 min,在这个过程中温度控制在 60~65 ℃。

(2)在连续搅拌下依次加入十二烷基苯磺酸钠、壬基酚聚氧乙烯醚、椰油酸二乙醇酰胺等表面活性剂,搅拌至它们全部溶解为止。搅拌时间约为 20 min,在这个过程中温度控制在 60~65 ℃。

(3)在连续搅拌下依次加入碳酸钠、二甲基苯磺酸钾、荧光增白剂等,搅拌至它们全部溶解,在这个过程中温度控制在 60~65 ℃。

(4)停止加热,待温度降至 40 ℃以下后加入色素、香精等,搅拌均匀。

(5)测溶液的 pH 值,并用磷酸将 pH 值调至不高于 10.5。

(6)待温度降至室温后加入氯化钠调节黏度。

液体洗衣剂去污力的测定按照图 1 所示的过程进行。

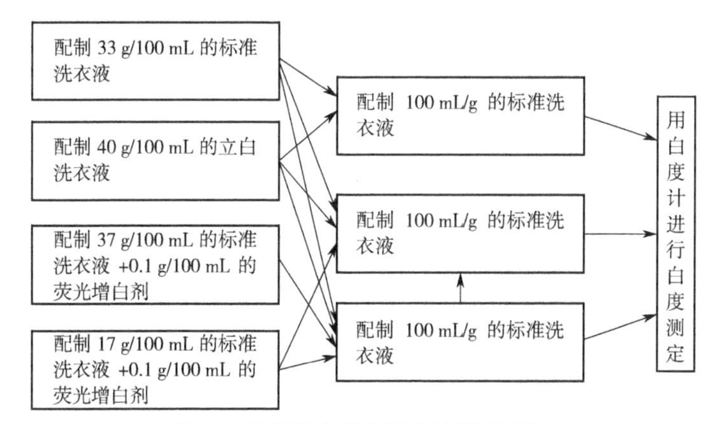

图 1　液体洗衣剂去污力的测定过程

五、数据记录与处理

实验数据记录在表 2 中。

表 2　数据记录表

液体洗衣剂	炭黑污布	皮脂污布	蛋白污布
配方 A			
配方 B			
配方 C			
配方 D			

六、思考题

(1)通用液体洗衣剂有哪些优良的性能?

(2)设计通用液体洗衣剂配方的原则有哪些?

（3）通用液体洗衣剂的 pH 值是如何控制的？为什么这样控制？

七、注意事项

（1）应按次序加料，前一种物质溶解后再加后一种物质。

（2）温度要按规定控制好，加入香精时温度必须低于 40 ℃，以防香精挥发。

实验 19　阿司匹林的合成

一、实验目的

（1）熟悉酸酐与酚进行酯化反应的原理，并掌握相应的实验操作。

（2）了解阿司匹林的结构、特点、物理和化学性质。

（3）熟悉重结晶的原理和实验方法。

（4）通过反应机理了解阿司匹林中杂质的来源和鉴别。

二、实验原理

合成阿司匹林的化学反应方程式为

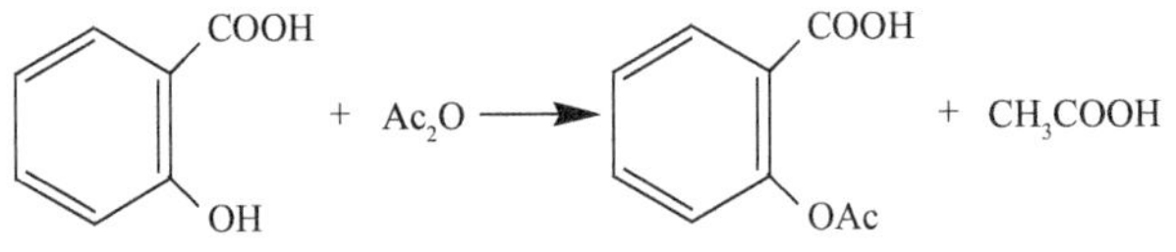

在反应过程中，阿司匹林会自身缩合形成聚合物（图 1）。利用阿司匹林和碱反应生成水溶性钠盐的性质，可将阿司匹林与聚合物分离开。

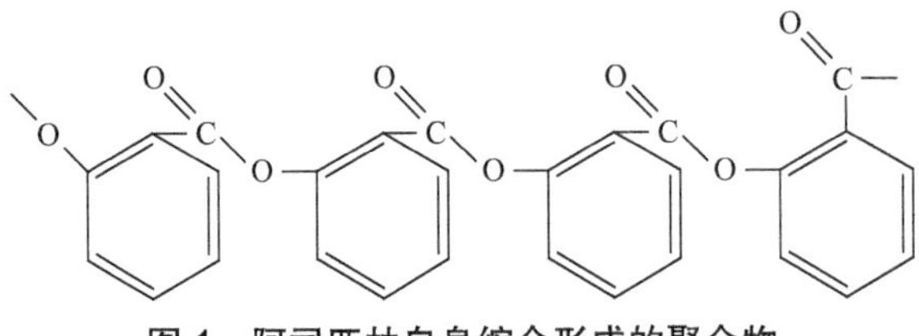

图 1　阿司匹林自身缩合形成的聚合物

在阿司匹林产品中，另一个主要的杂质是水杨酸，其来源主要是未反应的原料和阿司匹林的水解产物。水杨酸可以通过重结晶进行分离。

三、实验仪器、装置与试剂

（1）主要实验仪器：低温反应浴、锥形瓶、真空泵、布氏漏斗、熔点仪。

（2）主要实验试剂如表 1 所示。

表 1　主要实验试剂

名称	规格	用量
水杨酸	药用	10 g
醋酐	化学纯	25 mL
蒸馏水		适量
乙酸乙酯	化学纯	10~15 mL
浓硫酸	化学纯	25 滴(约 1.5 mL)
碳酸氢钠溶液	饱和	125 mL
浓盐酸		17.5 mL

四、实验步骤与方法

(1)醋酐蒸馏。量取 30 mL 醋酐放入 50 mL 的圆底烧瓶中进行蒸馏,收集 137~140 ℃的馏分备用。

(2)阿司匹林的合成。向 500 mL 的锥形瓶中加入 10 g 水杨酸和 25 mL 醋酐,再用滴管加入 25 滴(约 1.5 mL)浓硫酸,缓缓地摇荡锥形瓶,使水杨酸完全溶解。将锥形瓶放在蒸气浴中,慢慢加热至 80 ℃,保持温度 15 min。然后将锥形瓶从蒸气浴中取出,慢慢冷却至室温。在冷却过程中,阿司匹林渐渐从溶液中析出。待晶体形成后加入 250 mL 蒸馏水,并将制得的溶液放入冰浴中冷却。溶液充分冷却后,大量固体析出,对固体进行抽滤,用冰水洗涤,并压紧抽干,得到的固体即为阿司匹林粗品。

(3)阿司匹林的精制与纯化。将阿司匹林粗品放在 150 mL 的烧杯中,加入 125 mL 饱和碳酸氢钠溶液,搅拌到没有气泡(二氧化碳)产生(嗞嗞声停止)为止。若有不溶的固体存在,真空抽滤除去,并用少量水洗涤。取一只 200 mL 的烧杯,加入 17.5 mL 6 mol/L 的盐酸和 30 mL 蒸馏水,将得到的滤液慢慢地分多次倒入烧杯中并不断搅拌。将烧杯放入冰浴中冷却,阿司匹林从溶液中析出,抽滤得到固体,用冷水洗涤固体并抽紧压干,得到阿司匹林粗品,其熔点为 135~136 ℃。将得到的阿司匹林粗品放入 25 mL 的锥形瓶中,加入不超过 15 mL 热的乙酸乙酯,在蒸气浴中缓缓加热直至固体溶解。冷却(可用冰浴冷却)至室温,阿司匹林晶体渐渐析出,抽滤得到阿司匹林精品。

(4)阿司匹林纯度的检查。取两支干净的试管,分别加入阿司匹林精品和少量水杨酸,然后各加入 1 mL 乙醇,使固体溶解。再各加入几滴 10% 的 $FeCl_3$ 溶液。盛水杨酸的试管中的溶液呈红色或紫色,盛阿司匹林精品的试管中的溶液是无色的。

五、数据记录与处理

记录实验的详细步骤、反应现象,计算反应的产率,测产物的熔点。

六、思考题

(1)在合成阿司匹林的过程中要加入少量浓硫酸,其作用是什么?

(2)实验中加蒸馏水的目的是什么?

(3)若要鉴别阿司匹林是否变质,可用什么方法?

(4)本实验能否用醋酸代替醋酐进行反应?为什么?

七、注意事项

(1)若加热介质为水,注意不要让水蒸气进入锥形瓶,以防止酸酐生成酸。

(2)一定要等晶体充分形成后才能加入蒸馏水。

(3)饱和碳酸氢钠溶液加到阿司匹林中会产生大量气泡,因此应该分批少量加入,边加入边搅拌。

实验 20　橘皮中果胶的提取

一、实验目的

(1)掌握食品添加剂果胶的提取方法。

(2)掌握果胶含量和甲氧基含量的测定方法。

二、实验原理

果胶物质以原果胶、果胶和果胶酸三种状态存在于组织内,一般果皮组织内含量最多。这三种状态的果胶物质通常随果实成熟而转变,在未成熟的果实中主要以原果胶的状态存在。原果胶是果胶与纤维素的化合物,在果实成熟的过程中,原果胶逐渐分解为果胶与纤维素,这时果实中的果胶物质以果胶为主。果胶又可以进一步分解,生成果胶酸和甲醇。果胶酸可以在果胶酸酶的作用下分解为还原糖。

果胶是由部分甲酯化的半乳糖醛酸聚合物组成的酸性多糖。半乳糖醛酸的甲氧基化程度用甲氧基化度(DM)或酯化度(DE)表示。根据甲氧基化程度,果胶可分为高甲氧基(HM)果胶(酯化度高于 50%,甲氧基含量高于 7%)和低甲氧基(LM)果胶(酯化度低于 50%,甲氧基含量低于 7%)。在生产 LM 果胶时用氨气脱甲氧基会生成果胶的酰胺化物,称为酰胺化 LM 果胶。

HM 果胶的结构如下所示:

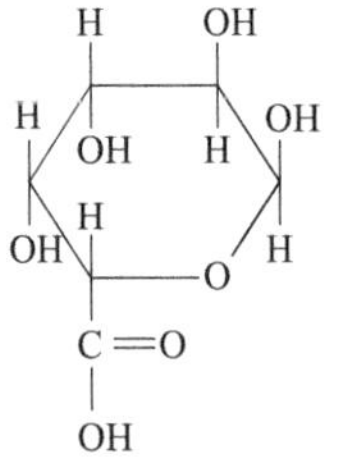

半乳糖醛酸
DFA(游离酸度)<50%

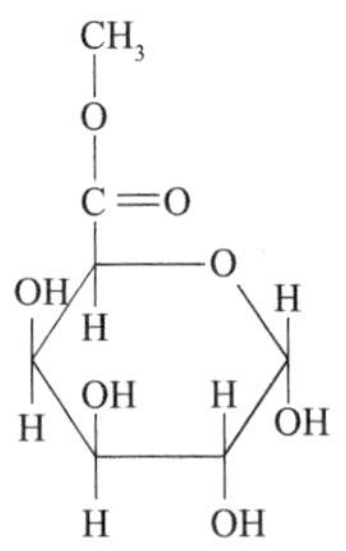

半乳糖醛酸甲酯
DE>50%

LM 果胶的结构如下所示：

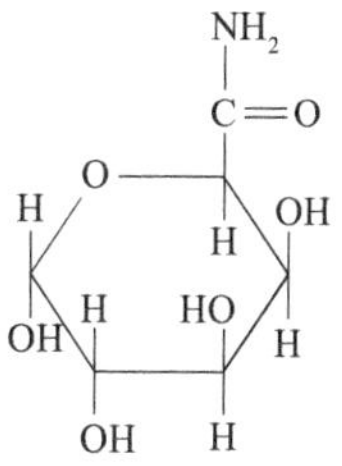

半乳糖醛酸酰胺
DA(酰化度)<25%

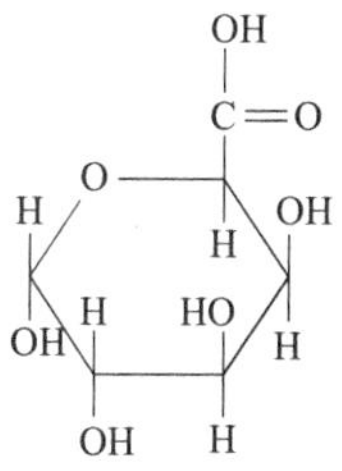

半乳糖醛酸
DFA=100%-DM-DA

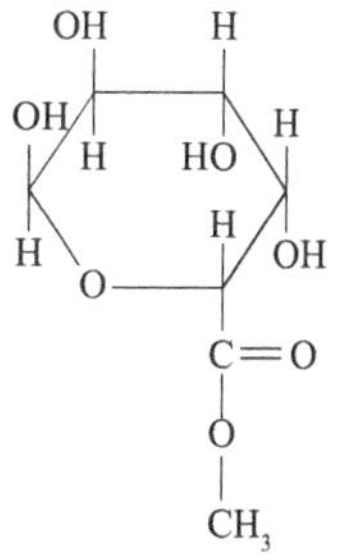

半乳糖醛酸甲酯
DE<50%

工业用生产果胶的原料主要有苹果皮和橘皮。由橘皮提取果胶的方法有离子交换树脂法、微生物法、浸泡法等，本实验采用盐酸提取法。

三、实验仪器、装置与试剂

（1）实验仪器：烧杯（1 000 mL 或 800 mL）4 只、恒温水浴、吸滤瓶、布氏漏斗、碱式滴定管、量筒、移液管、温度计、723 分光光度计、容量瓶、试管。

（2）实验试剂：橘皮、盐酸、活性炭、乙醇、NaOH 标准溶液（0.5 mol/L）、酚酞指示剂（0.1%）、半乳糖醛酸、咔唑、硫酸。

四、实验步骤与方法

1）原料预处理

将橘皮剪成小块，用沸水灭酶（5~10 min），然后用清水洗去糖分，直至洗液呈无色为止。

2）提胶

将盐酸滴加到经过预处理的橘皮（干重 30 g）和水（300 mL）的混合物中，控制提胶的温度（85 ℃）、时间（2 h）、pH 值（2~3）和加水量。提胶结束后过滤除去橘皮残渣，将滤液减压浓缩至 20~80 mL，然后用 95% 的乙醇（体积为滤液体积的 2 倍）使滤液中的果胶沉淀出来，静置 0.5~1 h，抽滤得到果胶，将其烘干后称量，回收乙醇。

3）测定甲氧基含量

（1）样品预处理。取样→用无水乙醇润湿→加入酸性乙醇（乙醇与5 mL浓盐酸混合）冲洗 $\xrightarrow[10\ \text{min}]{\text{搅拌}}$ 用95%的乙醇洗至没有Cl^-→过滤 $\xrightarrow{105\ ℃}$ 烘干。

（2）测定。称取 0.5 g 果胶（准确至 0.000 2 g）→用 2 mL 乙醇润湿→加酚酞，用 0.5 mol/L 的 NaOH 溶液滴定（中和生成的游离酸）→记录所消耗 NaOH 溶液的体积 V_1→加入 0.5 mol/L 的 NaOH 溶液 20 mL（皂化 15~20 min）→加入 0.5 mol/L 的盐酸 20 mL→用 0.5 mol/L 的 NaOH 溶液滴定，直至酚酞呈现粉红色为止→记录所消耗 NaOH 溶液的体积 V_2。

第二次滴定消耗 1 mL 0.5 mol/L 的 NaOH 溶液对应果胶样品中含 15.52 mg 甲氧基。

4)测定果胶含量

(1)确定最大吸收波长。在360~750 nm的波长范围内作参比液和半乳糖醛酸的吸收曲线,确定最大吸收波长。

(2)绘制标准曲线。准确吸取1 mg/mL的半乳糖醛酸溶液0 mL、1.0 mL、2.0 mL、3.0 mL、4.0 mL、5.0 mL、6.0 mL、7.0 mL,置于8个100 mL的容量瓶中,用蒸馏水定容后摇匀,得到一组浓度为0 mg/mL、10 mg/mL、20 mg/mL、30 mg/mL、40 mg/mL、50 mg/mL、60 mg/mL、70 mg/L的溶液。吸取不同的溶液各1 mL,置于8支试管中,各加入浓硫酸12 mL,沸水浴10 min。取出冷却至室温,各加入1 mL 0.15%的咔唑无水乙醇溶液,摇匀。在室温下放置2 h,在最大吸收波长处测其吸光度,以吸光度为纵坐标、半乳糖醛酸的浓度为横坐标绘制标准曲线。

(3)测定。准确吸取1 mg/mL的样品溶液5.0 mL,置于100 mL的容量瓶中,用蒸馏水定容后摇匀,得到浓度为50 mg/L的溶液。吸取该溶液1 mL,置于试管中(2个平行样品),加入浓硫酸12 mL,沸水浴10 min。取出冷却至室温,各加入1 mL 0.15%的咔唑无水乙醇溶液,摇匀。在室温下放置2 h,在最大吸收波长处测其吸光度。

五、数据记录与处理

(1)绘制标准曲线。

溶液	1	2	3	4	5	6	7	8
浓度/(mg/L)	0	10	20	30	40	50	60	70
吸光度								
线性公式								

(2)测定吸光度。

项目	第一次测量值	第二次测量值	平均值
吸光度			

六、思考题

影响产物纯度的因素有哪些?

七、注意事项

在提取果胶的过程中,滤液与残渣比较难分离,应先用适当的滤布过滤,再用滤纸抽滤,如果滤液混浊,可使用助滤剂硅藻土。

第 8 章　化工综合创新实验

实验 21　磷钨杂多酸催化剂的制备、固载和催化性能评价

一、实验目的

(1)了解磷钨杂多酸的制备方法。

(2)了解溶胶 - 凝胶法制备纳米二氧化硅的工艺和原理。

(3)重点掌握二氧化硅固载化磷钨杂多酸催化剂的制备。

(4)了解酯化反应的原理。

(5)掌握带有分水器的回流装置的安装与操作。

二、实验原理

乙酸异戊酯是香精、喷漆、清漆、氯丁橡胶等的溶剂,也可用于纺织品的染色与加工,用途十分广泛。本实验首先合成磷钨杂多酸催化剂,然后考察其催化合成乙酸异戊酯的酯化反应,为乙酸异戊酯的合成提供了一种新途径。

乙酸异戊酯的合成反应为

$$CH_3COOH+(CH_3)_2CHCH_2CH_2OH \xrightarrow{H_3PW_{12}O_{40}} CH_3\overset{\overset{\displaystyle O}{\|}}{C}—OCH_2CH_2CH(CH_3)_2$$

酯化反应在精细化工生产中是一类十分重要的反应,工业上醇酸酯化反应多采用硫酸作为催化剂。硫酸具有较高的催化活性,且价格低廉,但存在如下缺点:①在酯化条件下,硫酸同时具有酯化、脱水和氧化作用,故反应体系中有醚、硫酸酯和不饱和化合物等副产物存在,给产品的精制和过量原料的回收带来了困难;②严重腐蚀设备;③反应物后处理要通过中和、水洗除去硫酸,不但工艺复杂,而且产物和溶剂损失较多,排出的废酸还污染环境。

鉴于硫酸法存在上述缺点,近年来寻找替代硫酸的新催化剂的研究发展十分迅速,其中杂多酸的研究是热点之一。

杂多酸是含氧桥的多核配合物,具有配合物和金属氧化物的特征,是一种多功能的催化剂。酯化反应的催化剂必须有足够的酸性、较弱的氧化性。实验证明,磷钨杂多酸在有机溶剂中的酸度为 $-8.2 \leqslant Ho \leqslant -5.6$,且氧化性极弱,是一种非常理想的酯化反应催化剂。

杂多酸比表面积较小,为了使其在液态均相反应中更容易分离出来,杂多酸常经固载后使用。杂多酸的固载方法有很多种,主要采用浸渍法。浸渍法是一种广泛采用的固载型催化剂的传统制备方法,该方法成熟,容易操作。固载杂多酸的载体可使用由溶胶 - 凝胶法制

备的纳米二氧化硅颗粒。

溶胶 - 凝胶法是无机物或金属醇盐经过溶液、溶胶、凝胶而固化，再经热处理形成氧化物或其他化合物固体的方法。该方法的优点是：①反应温度低，反应过程易于控制；②制品的均匀度和纯度高，均匀性可达分子或原子水平；③化学计量准确，易于改性，掺杂的范围宽（包括掺杂的量和种类）；④从同一种原料出发，采用不同的工艺过程可获得不同的产品（如粉料、薄膜、纤维等）；⑤工艺简单，不需要昂贵的设备。

纳米二氧化硅具有三维网状结构（图 1），还有极大的比表面积，表面上存在着大量羟基（图 2），亲水性强，众多颗粒相互联结成链状，链状结构彼此又以氢键相互作用，形成由聚集体组成的立体网状结构。

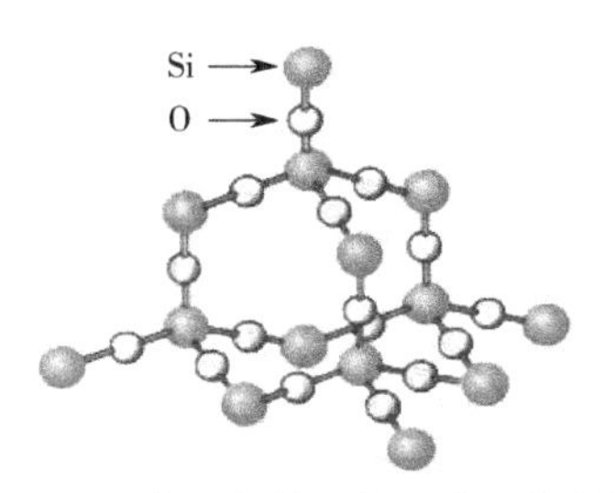

图 1　纳米二氧化硅的三维网状结构

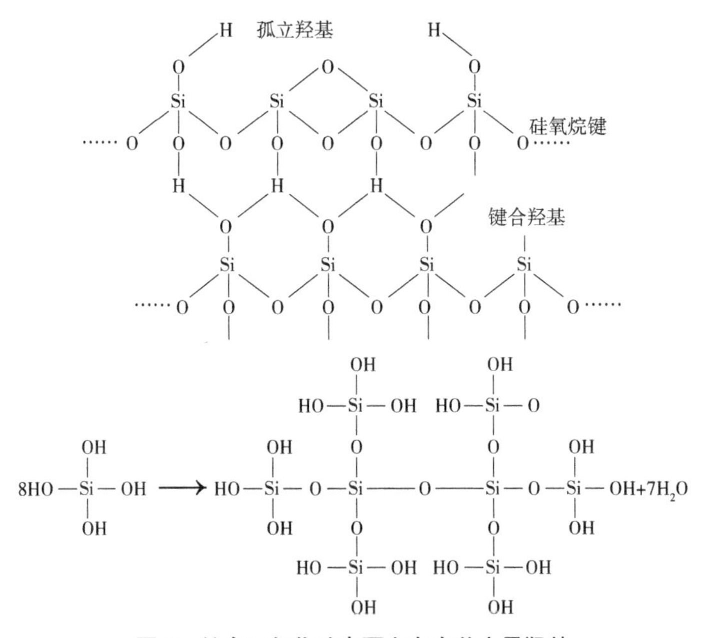

图 2　纳米二氧化硅表面上存在着大量羟基

溶胶 - 凝胶法以活性较高的前驱体为原料，在水溶液中水解，生成溶胶，然后溶胶颗粒间发生相互作用，与溶剂共同生成凝胶，经干燥、煅烧后获得与前驱体相应的氧化物。

水解反应为

$$—Si—OR+H_2O \longrightarrow —Si—OH+ROH$$

缩聚反应为

$$2\text{—Si—OH} \longrightarrow \text{—Si—O—Si—} + H_2O$$

总反应为

$$2\text{—Si—OR} + H_2O \longrightarrow \text{—Si—O—Si—} + 2ROH$$

三、实验仪器、装置与试剂

（1）实验仪器、装置：坩埚，研钵，水浴锅，磁子，磁力搅拌器，烘箱，马弗炉，烧杯（100 mL），分液漏斗（125 mL），分水器、回流装置和蒸馏装置各一套。

（2）实验试剂：冰乙酸（分析纯）、异戊醇（分析纯）、环已烷（分析纯）、双氧水、钨酸钠（分析纯）、磷酸氢二钠（分析纯）、乙醚（分析纯）、去离子水、正硅酸四乙酯（分析纯）、无水乙醇、浓氨水、浓盐酸、精密 pH 试纸。

四、实验步骤与方法

1）制备磷钨杂多酸

（1）称取 10 g $Na_2WO_4 \cdot 2H_2O$ 和 1.5 g $Na_2HPO_4 \cdot 12H_2O$，加入 40 mL 热水中，缓慢搅拌 30 min，自然冷却。

（2）加入 10 mL 相对密度为 1.19 的盐酸酸化 1 h，加入 20 mL 乙醚，充分振荡，此时液体分为三层，最下层为磷钨杂多酸。

（3）将最下层的磷钨杂多酸从分液漏斗的下口放出，加入干燥、洁净的 100 mL 烧杯中，打开电热炉，调至较低的功率，用试管夹夹住烧杯，远离电热炉小心地蒸去乙醚，再加入 2 滴双氧水，冷却、结晶，得到淡黄色磷钨杂多酸。

2）溶胶 - 凝胶法合成纳米二氧化硅

（1）在室温下将 20 mL 正硅酸四乙酯缓慢倒入 40 mL 无水乙醇中，搅拌几分钟，得到均匀、透明的溶液Ⅰ。

（2）在搅拌下将 40 mL 去离子水缓慢加入溶液Ⅰ中，得到溶液Ⅱ。

（3）将溶液Ⅱ在 70 ℃下搅拌 60 min，加入 1~2 mL 氨水，静置，形成凝胶。

3）磷钨杂多酸固载化

将纳米二氧化硅载体置于马弗炉中在 800 ℃下煅烧处理，冷却至室温后加入一定量的磷钨酸水溶液，加热搅拌回流一定时间，放置 8 h 后过滤，将固载有磷钨杂多酸的纳米二氧化硅于一定温度下烘干 4 h，得到 $H_3PW_{12}O_{40} \cdot nH_2O/SiO_2$ 催化剂。

4）合成乙酸异戊酯

采用 1.05 : 1的醇酸比，冰乙酸用量为 5.8 mL，异戊醇用量为 11.5 mL。将 0.2 g 磷钨杂多酸催化剂、5 mL 带水剂环已烷和适量沸石加入圆底烧瓶，分水器中加入带水剂环已烷，加热至回流，由于环已烷能和反应生成的水形成二元最低恒沸物，因此反应生成的水不断被环已烷从反应混合液中带出来，冷凝后聚积在分水器下层。当不再有水被带出时，酯化反应完毕（反应时间约为 90 min），停止加热，分出下层的水。蒸去带水剂环已烷和过量的异戊醇，收集

125~142 ℃的馏分，计算乙酸异戊酯的收率。催化剂经酸化处理后可循环使用。

五、数据记录与处理

测量磷钨杂多酸的产量、分水器中水的量、前馏分的体积 V_1 和后馏分的体积 V_2，根据乙酸异戊酯的理论产量计算其收率，比较固载前后催化剂的催化效果。

六、思考题

(1)为什么要对杂多酸催化剂进行固载处理?

(2)如何计算固载化磷钨杂多酸的质量分数?

七、注意事项

(1)在安装分水器前应先从分水器的上端加蒸馏水至分水器的支管处，然后通过活塞放入一定体积的水。

(2)在水浴搅拌反应过程中，如三口瓶完全密闭时瓶塞总是弹出，可用纸包裹瓶塞，以使少量瓶内的气体自由逸出，避免瓶塞不断弹出。

实验 22　酯交换法制备生物柴油

一、实验目的

(1)了解酯交换法制备生物柴油的原理和操作方法。

(2)熟练掌握离心分离、回流、减压蒸馏等操作。

(3)了解化学催化剂与生物催化剂在催化制备生物柴油时的性质差异。

二、实验原理

目前工业上生产生物柴油的主要方法是酯交换法，即用动物、植物油脂与甲醇、乙醇、丙醇、丁醇等低碳醇在催化剂的作用下反应。因甲醇价格低廉，故常采用甲醇。酯交换法又包括酸或碱催化法、生物酶法、工程微藻法和超临界甲醇法。

以甲醇为例，酯交换法制备生物柴油的反应式为

$$\begin{array}{l} CH_2-O-\overset{\overset{O}{\|}}{C}-R \\ | \\ CH-O-\overset{\overset{O}{\|}}{C}-R' \\ | \\ CH_2-O-\overset{\overset{O}{\|}}{C}-R'' \\ \text{生物油脂} \end{array} + 3CH_3-OH \underset{}{\overset{\text{催化剂}}{\rightleftharpoons}} \begin{array}{l} CH_3-O-\overset{\overset{O}{\|}}{C}-R \\ CH_3-O-\overset{\overset{O}{\|}}{C}-R' \\ CH_3-O-\overset{\overset{O}{\|}}{C}-R'' \end{array} + \begin{array}{l} CH_2-OH \\ | \\ CH-OH \\ | \\ CH_2-OH \end{array}$$

催化剂一般为碱、酸或酶，其中碱性催化剂有 NaOH、KOH、碳酸盐、钠和钾的醇盐，酸性催化剂常用的有硫酸、磷酸、盐酸。碱性催化剂和酸性催化剂虽然价格低廉，但是存在反应

废液污染环境、转化率低、产物分离困难等缺点。用脂肪酶等生物催化剂催化此反应,具有条件温和、醇用量少、产物易分离、污染小等优点,但主要不足是生物酶催化剂价格昂贵且易失活,生产成本较高。

本实验通过酯交换反应由菜籽油制备生物柴油。

三、实验仪器、装置与试剂

(1)实验仪器:三口烧瓶、圆底烧瓶、带搅拌功能的电热套、球形冷凝管、直形冷凝管、温度计、烧杯、分液漏斗、铁架台、锥形瓶(250 mL)、试剂瓶、容量瓶、称量瓶、玻璃棒。

(2)实验试剂:甲醇、正己烷、固体氢氧化钠、菜籽油、脂肪酶、pH 试纸。

四、实验步骤与方法

1)碱催化法

对三口烧瓶和锥形瓶进行干燥处理,称取 4.6 g(5.8 mL)甲醇放到锥形瓶中,称取 0.2 g 氢氧化钠加入甲醇中,使之溶解。向三口烧瓶中加入 20 g 菜籽油,称取 40 g 正己烷(61 mL)加到三口烧瓶中做共溶剂。将氢氧化钠的甲醇溶液加到三口烧瓶中,用磁子搅拌,用恒温水浴加热,温度保持在 60~65 ℃,回流 1.5~2 h,然后停止加热,冷却。

将三口烧瓶中的产物移至分液漏斗中,静置 2.5~3 h,分液,上层为生物柴油、正己烷和甲醇,下层主要为甘油。分出下层的液体,上层的液体用温水洗 3~4 次,至用 pH 试纸检测为中性。将经水洗的溶液倒入圆底烧瓶中,放入电热套中加热蒸馏,温度保持在 120 ℃左右,至无液体蒸出,这时圆底烧瓶中的液体主要为生物柴油。

2)酶催化法

对三口烧瓶进行干燥处理,向三口烧瓶中加入 20 g 菜籽油,称取 40 g 正己烷(61 mL)加到三口烧瓶中做共溶剂,称取 4.6 g(5.8 mL)甲醇加到三口烧瓶中。混合均匀后向上述非水相酯交换体系中加入 2 mg 脂肪酶粉,用磁子搅拌,用恒温水浴加热,温度保持在 30~35 ℃,回流 1.5~2 h,然后停止加热,冷却。

将三口烧瓶中的产物移至分液漏斗中,静置 2.5~3 h,分液,上层为生物柴油、正己烷和甲醇,下层主要为甘油。分出下层的液体,上层的液体用温水洗 3~4 次,至用 pH 试纸检测为中性。将经水洗的溶液倒入圆底烧瓶中,放入电热套中加热蒸馏,温度保持在 120 ℃左右,至无液体蒸出,这时圆底烧瓶中的液体主要为生物柴油。

五、数据记录与处理

1)计算皂化值

待测数据如下:标准盐酸浓度 c_{HCl},菜籽油用量 $m_{\text{菜籽油}}$,试样滴定标准盐酸用量 V_1,空白实验滴定标准盐酸用量 V_2。

根据如下公式计算皂化值:

$$\text{皂化值}=(V_2-V_1)c_{\text{HCl}}\times 56.11/m_{\text{菜籽油}}$$

2）计算酸值

待测数据如下：NaOH 的乙醇溶液浓度 c_{NaOH}，滴定用 NaOH 的乙醇溶液体积 V_{NaOH}。

根据如下公式计算酸值：

$$酸值=(V_{NaOH}c_{NaOH}\times 56.11)/m_{菜籽油}$$

3）计算产率和密度

（1）计算产率。

待测数据如下：实验所得生物柴油质量 $m_{实验}$。

生物柴油质量的理论值计算如下：

$$m_{理论}=(m_{菜籽油}M_{生物柴油})/M_{菜籽油}$$

式中 $M_{生物柴油}$——生物柴油的相对摩尔质量；

$M_{菜籽油}$——菜籽油的相对摩尔质量。

根据如下公式计算产率：

$$产率=(m_{实验}/m_{理论})$$

（2）计算密度。

量取生物柴油的体积 V，称得生物柴油的质量 m，根据如下公式计算密度：

$$\rho=m/V$$

六、思考题

（1）两种催化过程的实验现象有何差别？这说明了什么问题？

（2）结合化学反应工程课程的相关知识，思考如何解决酶易失活、成本高的问题。

七、注意事项

（1）仪器要洗净、吹干。

（2）在回流过程中要不断搅拌，然后趁热滴定。

（3）测酸值时，溶液变色 5 s 不褪色就认为达到滴定终点。

（4）制备生物柴油时要快速搅拌，且温度要保持在 45 ℃左右。

（5）用温水清洗上层液体时要洗到水相中无明显的乳白色物质为止。

实验 23 超滤、纳滤、反渗透组合膜分离实验

一、实验目的

（1）学会独立设计实验方案，并组织实施实验。

（2）掌握评价膜性能的方法，确定各膜组件分离的适宜操作条件。

（3）掌握膜分离的基本原理和实验技能。

二、实验原理

1)膜分离过程的基本特征

工业化应用的膜分离过程有微滤(MF)、超滤(UF)、纳滤(NF)、反渗透(RO)、渗透汽化(PV)、气体分离(GS)等,应根据分离对象和要求选用膜分离过程。超滤、纳滤和反渗透都是以压差为推动力的液相膜分离方法,其三级组合膜分离过程可分离相对分子质量为几十的离子到相对分子质量为几十万的蛋白质分子。图 1 是各种膜对物质的截留示意图。

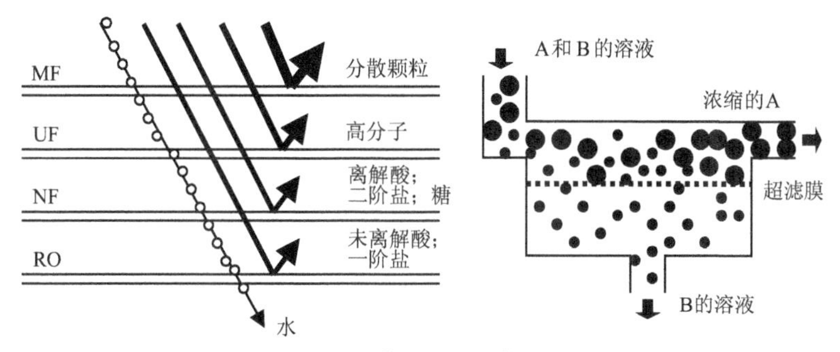

图 1　各种膜对物质的截留示意

(1)超滤。一般认为超滤是筛孔分离过程,膜表面有无数微孔,这些实际存在的孔眼像筛子一样截留住分子直径大于孔径的溶质,从而达到分离的目的。膜表面的化学性质也是影响超滤分离的重要因素。溶质被截留有三种方式:在膜表面机械截留(筛分)、在膜孔中停留(阻塞)、在膜表面和膜孔内吸附(吸附)。

(2)纳滤。纳滤膜的孔径在纳米级,能截留相对分子质量为数百的物质,分离性能介于反渗透膜和超滤膜之间,传质机理为溶解 - 扩散。纳滤膜大多为荷电膜,其对无机盐的分离行为不仅受化学势梯度控制,也受电势梯度影响。

(3)反渗透。反渗透膜通常被认为是表面致密的无孔膜,只能透过溶剂(通常是水)而截留绝大多数溶质。反渗透过程以膜两侧的静压差为推动力,克服溶剂的渗透压,实现液体混合物的分离。反渗透膜的选择透过性与组分在膜中的溶解、吸附、扩散有关,还与膜的化学、物理性质有密切的关系。

膜分离过程的基本特征如表 1 所示。

表 1　膜分离过程的基本特征

膜分离过程	膜类型	传质机理	操作压强(一般工业)
超滤	非对称膜	筛分	0.1~1 MPa
纳滤	非对称膜或复合膜	溶解 - 扩散 Donna(唐纳)效应	0.5~1.5 MPa
反渗透	非对称膜或复合膜	溶解 - 扩散 优先吸附 - 毛细管流动	1~10 MPa

2)膜性能的表示方法

膜性能包括膜的物化稳定性和膜的分离透过性。膜的分离透过性主要指分离效率、渗透通量和通量衰减系数,可通过实验测定。

(1)分离效率。溶液中蛋白质分子、糖、盐的脱除率可用截留率 R 表示:

$$R=\left(1-\frac{c_{\mathrm{p}}}{c_{\mathrm{w}}}\right)\times 100\% \tag{1}$$

式中 c_{p}——透过液浓度;

c_{w}——高压侧膜与溶液的界面浓度。

实际测定的是溶质的表观分离率 R_{E},其定义式为

$$R_{\mathrm{E}}=\left(1-\frac{c_{\mathrm{p}}}{c_{\mathrm{b}}}\right)\times 100\% \tag{2}$$

式中 c_{b}——主体溶液浓度。

(2)渗透通量。渗透通量 J_{W} 为单位时间内通过单位面积膜的透过物的量:

$$J_{\mathrm{W}}=\frac{V}{St} \tag{3}$$

式中 V——透过液的体积;

S——膜的有效面积;

t——运行时间。

(3)通量衰减系数。膜的渗透通量由于浓差极化、膜的压密化、膜孔堵塞等原因会随时间而衰减,可用下式表示:

$$J_t=J_1 t^m \tag{4}$$

式中 J_t——膜运行 t h 后的渗透通量;

J_1——膜运行 1 h 后的渗透通量;

m——通量衰减系数。

在膜分离实验中常采用原料的浓缩倍数 N 表示膜的分离效率,其定义式为

$$N=\frac{c_{\mathrm{d}}}{c_{\mathrm{b}}} \tag{5}$$

式中 c_{d}——浓缩液浓度。

超滤膜、纳滤膜、反渗透膜是压力驱动型膜,随着压力增大,膜的渗透通量逐渐增大,截留率有所提高,但压力越大,膜污染和浓差极化现象越严重,膜的渗透通量衰减越快。超滤膜为有孔膜,通常用于分离大分子溶质、胶体、乳液,一般渗透通量较高,溶质扩散系数小,受浓差极化的影响较大;反渗透膜是无孔膜,截留的物质大多为盐类,渗透通量低,传质系数大,在使用过程中受浓差极化的影响较小;纳滤膜则介于两者之间。由于压力增大会引起膜的压密化,膜的清洗难度和操作能耗均加大,因此应根据膜的分离透过性确定适宜的操作压强。

温度也是影响膜的分离透过性的重要操作因素。随着温度升高,溶液扩散增强,膜的渗

透速度加快，但受膜材质的限制，膜的允许温度一般低于 45 ℃。在本实验中，不考虑温度因素。

3）膜污染的防治

膜污染指被处理料液中的微粒、胶体粒子、溶质大分子与膜发生物化作用或机械作用，在膜表面或膜孔内吸附、沉积造成膜孔径变小或堵塞，从而导致膜的渗透通量下降、分离效率降低等不可逆变化。一旦料液与膜接触，膜污染即开始。因此，在膜分离实验前后必须对膜进行彻底的清洗，采用低压（≤0.2 MPa）、大通量清水清洗法。当膜的渗透通量大幅下降或膜的进出口压差 ≥0.2 MPa 时，一般清洗不能有效减轻膜污染，应采用清洗剂或更换膜。大豆蛋白对膜的污染作用比较大，根据文献，用 NaOH 和蛋白酶清洗能有效减轻膜污染。

三、实验仪器、装置与试剂

本实验装置是中试型实验装置，可作为膜分离扩大工艺的实验设备，也可作为小批量生产设备。本装置将超滤、纳滤、反渗透这三种卷式膜组件并联，可根据分离要求选择不同的膜组件单独使用，适用范围广。本装置设计紧凑，滞留量小，系统允许压强范围为 0~1.6 MPa，超过 1.6 MPa 时，为保护膜组件和设备，压力保护器会切断增压泵电源，实际操作时还应参考相应膜组件的操作压强范围。

本实验的工艺流程如图 2 所示。

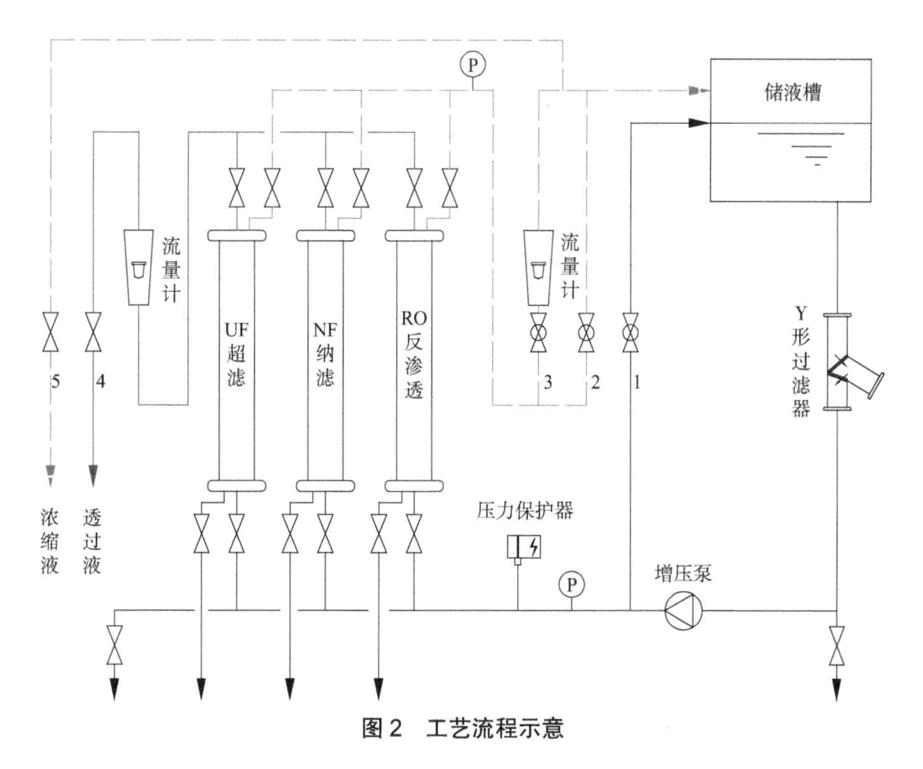

图 2　工艺流程示意

主要实验设备、仪器的规格如下。

（1）储液槽：容积 60 L，材质 ABS（丙烯腈 - 丁二烯 - 苯乙烯）工程塑料。

（2）Y 形过滤器：材质工程塑料。

（3）增压泵：型号 FLUID-O-TECH 1533。

（4）压力保护器：型号 Fannio FNC-K20。

（5）超滤、纳滤、反渗透膜组件：性能如表 2 所示。

（6）膜壳：材质 2521 型不锈钢。

（7）电导仪：型号 CM-230，在线检测。

（8）流量计：规格 10~100 L/h 和 1~7 L/min，面板式有机玻璃转子流量计。

（9）管道和阀门：材质 UPVC（硬聚氯乙烯）。

（10）电控柜和支架：材质不锈钢。

表 2 膜组件的性能

膜组件	规格	纯水通量	面积	压强范围	分离透过性
超滤	M-U2521PES10	≥100 L/h	1.1 m^2	≤0.5 MPa	截留相对分子质量 1 万，截留率 90%
纳滤	M-N2521A3	≥80 L/h	1.1 m^2	≤1.0 MPa	二价盐除盐率 95% 一价盐除盐率 30~40%
反渗透	2521	≥40 L/h	1.1 m^2	≤1.5 MPa	除盐率 98%

四、实验步骤与方法

1）实验内容

（1）膜组件性能测定。

①超滤。配制 2.5 g/L 的大豆蛋白溶液，在 0~0.5 MPa 内调节操作压强，测定 4~5 个操作压强（膜进口压强）下超滤膜的截留率、渗透通量。在某一操作压强下，在 0~120 min 内测定 4~5 个时刻的渗透通量。绘制 p-R、p-J、J-t 关系曲线，确定超滤膜分离适宜的操作压强 p_1。

②纳滤。配制 5 g/L 的葡萄糖溶液，在 0~1.0 MPa 内调节操作压强，测定 4~5 个操作压强下纳滤膜的截留率、渗透通量。绘制 p-R、p-J 关系曲线，确定纳滤膜分离适宜的操作压强 p_2。

③反渗透。配制 5 g/L 的氯化钠溶液，在 0~1.5 MPa 内调节操作压强，测定 4~5 个操作压强下反渗透膜的截留率、渗透通量。绘制 p-R、p-J 关系曲线，确定反渗透膜分离适宜的操作压强 p_3。

（2）乳清废水浓缩分离（图 3）。

配制乳清废水约 50 L（大豆蛋白 2.5 g/L，葡萄糖 5 g/L，氯化钠 5 g/L），加入储液槽。调节操作压强 p_1，通过超滤膜浓缩分离乳清废水，测定一级膜分离后大豆蛋白的浓缩倍数，超滤透过液用于纳滤膜分离。调节操作压强 p_2，通过纳滤膜浓缩分离葡萄糖，测定二级膜分离后葡萄糖的浓缩倍数，纳滤透过液用于反渗透膜分离。调节操作压强 p_3，通过反渗透膜脱盐（氯化钠），测定可回收的净水的体积。

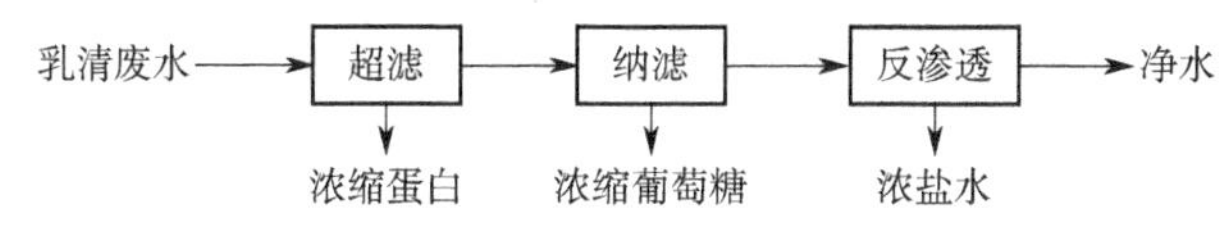

图 3　乳清废水浓缩分离的工艺流程

2）实验步骤

（1）操作前的准备。

①清洗储液槽内壁和 Y 形过滤器。

②向储液槽内注入一定量的清水，清洗系统，时间为 10 min。

③若膜组件首次使用，用低压（≤0.2 MPa）清水清洗，时间为 20~30 min，以去除其中的防腐液。

④待处理料液需进行微滤处理，去除机械杂质，以防止损坏膜组件；若在储液槽中配制料液，务必保证溶质全溶，以防止未溶颗粒损坏膜组件。

（2）实验操作。

①关闭系统排空阀，打开待用膜组件的料液进出口阀（其余膜组件的料液进出口阀关闭），打开泵回路阀 1、浓缩液旁路阀 2、浓缩液流量阀 3、透过液出口阀 4、浓缩液出口阀 5。

②将待处理料液加入储液槽。

③接通电源，开启增压泵。

④待料液正常循环后（注意排气）逐步关闭阀 1、2。

⑤调节阀 3，在膜组件允许的范围内将操作压强调节到所需的值。

（a）若进行膜组件性能测定，为保证料液浓度不变，关闭阀 5，使浓缩液返回储液槽，同时用橡胶管使透过液返回储液槽；稳定操作 5 min 后取 30 mL 透过液分析浓度，记录流量；然后继续调节阀 3，测定下一个操作压强下透过液的浓度和流量，或者在该操作压强下测定下一个时刻透过液的流量。

（b）若进行乳清废水浓缩分离，打开阀 4、5，分别收集透过液和浓缩液，透过液用于下一级膜分离实验，浓缩液可作为产品；稳定操作后取 30 mL 料液、30 mL 浓缩液分析溶质的浓度，为防止增压泵空转，当储液槽的液位极低时停止实验。

⑥依次打开阀 3、2、1，使系统压强低于 0.2 MPa，关闭增压泵。

⑦打开系统排空阀，排出储液槽、管路、膜组件内残余的料液。

⑧关闭系统排空阀，用低压（≤0.2 MPa）清水清洗储液槽、管路、膜组件，直至浓缩液、透过液澄清、透明为止，可采用分析手段监测膜组件出口的溶质含量是否接近零。

⑨打开系统排空阀，排出储液槽、管路、膜组件内的清洗液。

（3）膜组件的清洗。

①每批操作完成后，打开装置的所有阀门，将残余的料液排空。

②用纯净水清洗保养膜组件，直至流出液（包括透过液和浓缩液）澄清、透明为止，可采用分析手段监测流出液的浓度是否接近零。

③清洗干净的膜组件不可再干燥，如长期不用，应放在甲醛溶液中保存。当透过液的流

量明显下降时，可配制清洗药水进行清洗保养。

④一般清洗的过程为先用纯净水，然后用清洗药水，最后再用纯净水。若用清洗药水处理后透过液的流量仍不能恢复，应考虑更换膜组件。

（4）清洗药水的配制。

①超滤膜组件的清洗药水：无机酸、六偏磷酸钠、聚丙烯酸酯、乙二胺四乙酸（EDTA），用来清洗盐沉淀和无机垢；氢氧化钠（有时添加次氯酸盐），对溶解脂肪和蛋白质十分有效；蛋白酶、淀粉酶，适用于中性 pH 值场合。

②纳滤、反渗透膜组件的清洗药水：分酸性清洗药水和碱性清洗药水两种。酸性清洗药水一般浓度不超过 1%，可用盐酸、草酸、柠檬酸配制，适用于蛋白质、血清、重金属、碱金属氧化物等；碱性清洗药水一般浓度不超过 0.1%，可用氢氧化钠配制，适用于肉类、乳品等。

五、数据记录与处理

（1）不同操作压强下的数据（表 3）。

表 3　不同操作压强下的数据

温度：________℃

实验序号	操作压强/MPa	浓度（电导率）			透过液流量/（L/h）
		料液	浓缩液	透过液	
1					
2					
3					
4					
5					
6					

（2）一定操作压强下不同运行时间的数据（表 4）。

表 4　一定操作压强下不同运行时间的数据

压强（表压）：________MPa；温度：________℃

实验序号	运行时间/min	浓度（电导率）			透过液流量/（L/h）
		料液	浓缩液	透过液	
1					
2					
3					
4					
5					
6					

（3）组合膜分离过程的数据（表 5）。

表 5　组合膜分离过程的数据

膜组件	运行时间/min	浓度（电导率）			透过液流量/（L/h）
		料液	浓缩液	透过液	
超滤	10				
纳滤	10				
反渗透	10				

六、思考题

（1）为什么每次膜使用后都要进行清洗？如果不清洗会产生什么后果？

（2）超滤、纳滤、反渗透膜分离分别适用于哪些场合？

七、注意事项

（1）本装置设有压力保护器，当系统压强高于 1.6 MPa 时，会自动切断增压泵电源。

（2）储液槽内的料液不能过少，同时要保持储液槽内壁清洁。

（3）若装置停用较长时间（10 d 以上），要向膜组件中充入 1% 的甲醛溶液作为保护液（保护液主要用于浓缩液侧），以防止系统生菌，并使膜组件保持湿润。

（4）膜组件为耗材，使用后需进行清洗（包括纯净水清洗、清洗药水清洗），当膜组件的渗透通量大幅降低时应考虑更换。

（5）待处理料液需进行预过滤，以防止大颗粒机械杂质损坏增压泵或膜组件，膜组件进料的最高自由氯浓度为 0.1 ppm。

（6）每种膜组件需单独使用，使用完毕后如需使用其他膜组件，必须将系统内残余的料液排空，并进行彻底的清洗，以避免料液干扰。

（7）增压泵启动时泵前管道需充满液体，以避免泵损坏，如泵前管道未充满液体，要立即切断电源。

（8）如管道发生泄漏，立即切断电源和进料阀，更换管件或用专用胶水黏结后（用胶水黏结后需固化 4 h）方可使用。

实验 24　钾石盐分离实验

一、实验目的

（1）加深对化工工艺、水盐体系的相图、化工单元操作等基础理论的理解。

（2）掌握以相图理论和工艺知识为基础进行理论分析，确定实验方案和实验流程。

（3）掌握实验的基本方法和技能，得到实验操作的基本训练。

(4)学习和掌握用实验研究的方法开发化工产品的生产工艺,确定有关操作参数,并进行初步的技术经济评价。

二、实验原理

钾石盐是氯化钾和氯化钠的混合物,不同产区的钾石盐品位、组成差异很大,分离时须根据实际情况选择适宜的方法。热溶冷析法是分离钾石盐的主要方法之一,它主要根据氯化钾、氯化钠的溶解度随温度而变化的规律确定生产工艺流程和有关参数。

图 1 为 Na^+, $K^+//Cl^--H_2O$ 体系在 100 ℃、25 ℃下的平衡相图。图中钾石盐的组成点为 S,在高温(100 ℃)下钾石盐与循环母液(组成点为 L)混合,混合后组成点为 R。钾石盐中的 KCl 全部溶解,而 NaCl 大部分以固相形式存在,即形成由固相 NaCl 和对 KCl、NaCl 共饱和的液相(组成点为 E_1)组成的浆料。分离该浆料可得到固相 NaCl 和共饱和液(热母液)。将热母液冷却,由于 KCl 的溶解度随温度下降而明显降低,因而 KCl 结晶析出。分离浆料可得到固相 KCl 和冷析母液(冷母液,组成点为 L)。冷母液经加热后返回流程,作为循环母液重新用于热溶钾石盐。

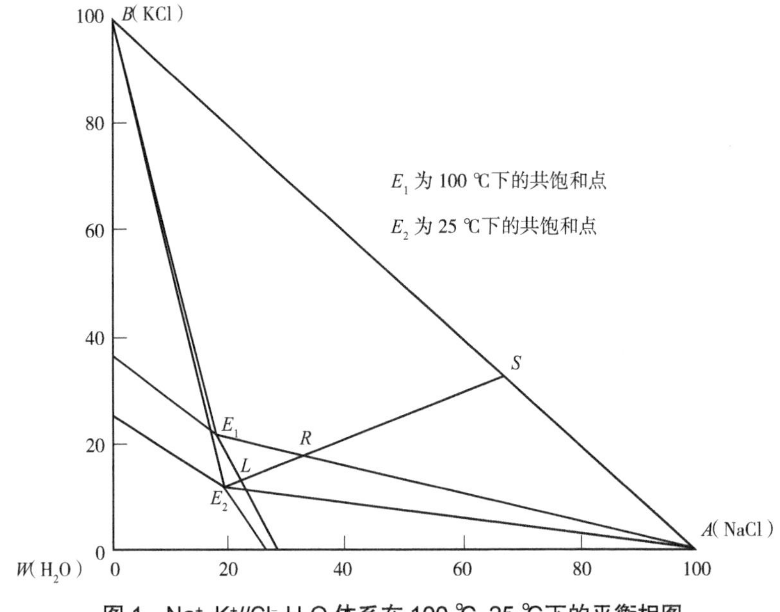

图 1 Na^+,$K^+//Cl^--H_2O$ 体系在 100 ℃、25 ℃下的平衡相图

三、实验仪器、装置与试剂

(1)实验仪器:恒温水浴 1 套,搅拌器 2 台,三口烧瓶(1 000 mL)3 个,三角烧瓶或试剂瓶(1 000 mL)2 个,干燥箱 1 台, K^+、Cl^- 分析设备 1 套,温度计(0~50 ℃、50~100 ℃各 1 支)。

(2)实验装置:热溶冷析装置如图 2 所示,真空抽滤装置如图 3 所示。

(3)实验试剂:钾石盐。

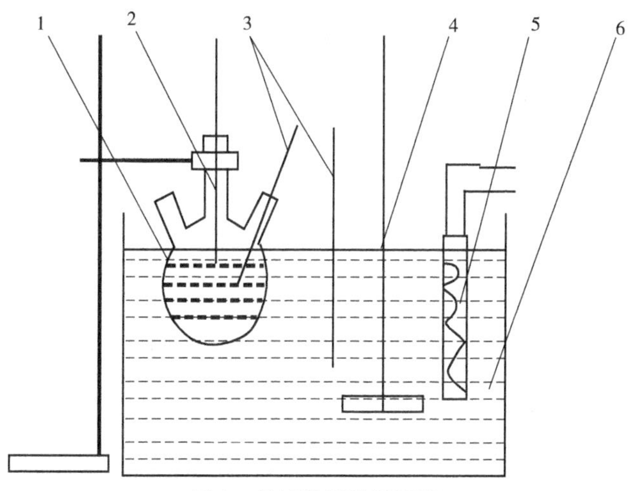

图 2　热溶冷析装置示意

1—三口烧瓶;2—可调速搅拌器;3—温度计(热溶 50~100 ℃,冷析 0~50 ℃);4—水浴搅拌器;5—自动控温加热器;6—恒温水浴槽

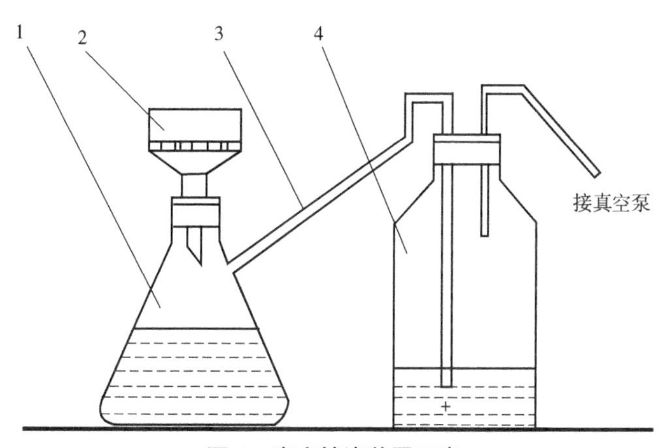

图 3　真空抽滤装置示意

1—抽滤瓶;2—布氏漏斗;3—导管;4—分离瓶

四、实验步骤与方法

1)准备工作

(1)安装、调试实验装置。

按图 2、图 3 组装实验装置,用纯水进行试运行,并对仪器、仪表进行调试、校核。练习三口烧瓶的安装和拆卸,要做到快速、正确。

(2)确定实验方案。

根据相图数据绘制 Na^+, K^+//Cl^--H_2O 体系在不同温度下的等温图,进行理论计算和分析,拟定工艺路线,确定相关参数和物料用量。

(3)配制室温下氯化钠、氯化钾的共饱和溶液。

配制时可根据氯化钠、氯化钾共饱和时的溶解度和实验中循环母液量的 1.5 倍(约

1 000 g)来确定氯化钠、氯化钾和水的用量。为保证溶液是共饱和溶液,氯化钠和氯化钾的用量应比理论值略多,大致 1 000 mL 水中加入 200 g 氯化钾、350 g 氯化钠(过量 10%,数据查附录,按 20 ℃计)。

操作步骤为将氯化钾、氯化钠和水加入三角烧瓶(或搪瓷杯)中,搅拌 1 h 后过滤,清液转入三角烧瓶(或试剂瓶)中,加塞备用。

(4)分析钾石盐和共饱和溶液(循环母液)的组成。

2)热溶实验

(1)烘干布氏漏斗、抽滤瓶。

(2)将恒温水浴加热到预定的热溶实验温度,然后保持恒温。

(3)取制备好的共饱和溶液(循环母液)500 g 左右,称重后加入三口烧瓶中,用电热夹套加热到比预定的热溶实验温度高 5 ℃左右,加热时三口烧瓶必须加塞。

(4)按计算值称取钾石盐加入三口烧瓶内,并尽快将三口烧瓶放入恒温水浴槽,启动搅拌器,待浆料的温度达到预定的热溶实验温度后再恒温搅拌 30 min。

(5)取清液(注意称重)分析其组成。

3)热溶浆料的分离

(1)提前将布氏漏斗放入干燥箱内预热,将滤纸称重,将抽滤瓶刷洗干净、烘干、称重备用。

(2)启动真空泵。

(3)将三口烧瓶从恒温水浴中取出,将热溶浆料倒入布氏漏斗中抽滤,用 30~50 mL(注意称重)预先加热到热溶实验温度的共饱和溶液分两次洗涤三口烧瓶,洗涤液也倒入布氏漏斗中抽滤。

(4)将滤饼带着滤纸在干燥箱内于 120 ℃下干燥 2 h 左右,取出称重并取样分析其组成。

(5)将滤液称重。(注意:先取样再过滤,取样前要停止搅拌)

4)冷析实验

(1)调节恒温水浴槽中水的温度至预定的冷却终温,然后保持恒温(自来水的温度为 10~20 ℃,应略微加热)。

(2)将热母液称重后倒入三口烧瓶,洗涤抽滤瓶至没有固相为止。

(3)将三口烧瓶放入恒温水浴槽,启动搅拌器,待浆料的温度达到预定的冷析实验温度后再搅拌 30 min。

5)冷析浆料的分离

冷析浆料的分离参考步骤 3)。

6)改变有关参数,重复步骤 1)~5)。

(1)改变热溶实验温度,分别为 60 ℃、70 ℃、80 ℃。

(2)改变冷析实验温度,分别为 20 ℃、30 ℃、40 ℃。

(3)改变循环母液量,分别为理论值的 90%、100%、110%。

五、数据记录与处理

(1)根据实验数据对钾石盐热溶冷析过程进行物料衡算,并与根据相图理论得到的结果进行比较,分析产生误差的原因,对实验结果的精度进行粗略的估计。

(2)作冷析温度一定时,单位质量循环母液热溶温度与氯化钾析出量的关系曲线。

(3)作单位质量循环母液热溶、冷析温度差与氯化钾析出量的关系曲线。

(4)分析循环母液(或共饱和溶液)量对氯化钾、氯化钠得率、质量的影响。

(5)分析热溶温度、冷析温度对氯化钾、氯化钠得率、质量的影响。

(6)根据实验结果和分析确定适当的生产工艺路线和有关参数。

六、思考题

(1)要将钾石盐分离工艺放大,需要选择哪些主要工艺设备?

(2)在实际生产中工艺参数和操作条件应如何调整?

七、注意事项

(1)安装、操作应严格按规程进行。

(2)搅拌器应以最低挡启动,逐渐增速。

(3)操作应准确、细致,尽量减小误差。

八、附录

(1)钾石盐分离实验数据记录表(表 1)。

表 1　钾石盐分离实验数据记录表

序号	热溶实验							冷析实验				备注
	加料			分离				加料		分离		
	热溶温度/℃	循环母液量/g	钾石盐量/g	氯化钠量/g	热溶母液取样量/g	洗涤液量/g	热溶母液量/g	冷析温度/℃	冷析浆料量/g	氯化钾量/g	冷析母液量/g	
1												
2												
3												
4												
5												
6												
7												
8												
9												

（2）钾石盐分离实验分析检测表（表2）。

表2 钾石盐分离实验分析检测表

序号	热溶温度	冷析温度	物料名称	取样量/g	溶解定容体积/mL	测定项目	移取量/mL	消耗药剂量/mL			NaCl质量分数/%	KCl质量分数/%	备注
								1	2	平均			
1	—	—	钾石盐			Cl^-							
						K^+							
2	—	—	室温母液			Cl^-							
						K^+							
3			热溶母液			Cl^-							
						K^+							
4			氯化钠			Cl^-							
						K^+							
5			氯化钾			Cl^-							
						K^+							
6			冷析母液			Cl^-							
						K^+							

附录

附录1 常用正交试验表

1)$L_4(2^3)$正交试验表

试验号 \ 列号	1	2	3
1	1	1	1
2	1	2	2
3	2	1	2
4	2	2	1

2)$L_8(2^7)$

(1)正交试验表。

试验号 \ 列号	1	2	3	4	5	6	7
1	1	1	1	1	1	1	1
2	1	1	1	2	2	2	2
3	1	2	2	1	1	2	2
4	1	2	2	2	2	1	1
5	2	1	2	1	2	1	2
6	2	1	2	2	1	2	1
7	2	2	1	1	2	2	1
8	2	2	1	2	1	1	2

(2)两列间的交互作用。

1	2	3	4	5	6	7	列号
(1)	3	2	5	4	7	6	1
	(2)	1	6	7	4	5	2
		(3)	7	6	5	4	3
			(4)	1	2	3	4

续表

1	2	3	4	5	6	7	列号
				(5)	3	2	5
					(6)	1	6
						(7)	7

(3)表头设计。

因素数＼列号	1	2	3	4	5	6	7
3	A	B	A×B	C	A×C	B×C	
4	A	B	A×B C×D	C	A×C B×D	B×C A×D	D
4	A	B C×D	A×B	C B×D	A×C	D B×C	A×D
5	A D×E	B C×D	A×B C×E	C B×D	A×C B×E	D A×E B×C	E A×D

3)$L_8(4\times2^4)$

(1)正交试验表。

试验号＼列号	1	2	3	4	5
1	1	1	1	1	1
2	1	2	2	2	2
3	2	1	1	2	2
4	2	2	2	1	1
5	3	1	2	1	2
6	3	2	1	2	1
7	4	1	2	2	1
8	4	2	1	1	2

(2)表头设计。

因素数＼列号	1	2	3	4	5
2	A	B	$(A\times B)_1$	$(A\times B)_2$	$(A\times B)_3$
3	A	B	C		

续表

列号 因素数	1	2	3	4	5
4	A	B	C	D	
5	A	B	C	D	E

4)$L_{12}(2^{11})$正交试验表

列号 试验号	1	2	3	4	5	6	7	8	9	10	11
1	1	1	1	1	1	1	1	1	1	1	1
2	1	1	1	1	1	2	2	2	2	2	2
3	1	1	2	2	2	1	1	1	2	2	2
4	1	2	1	2	2	1	2	2	1	1	2
5	1	2	2	1	2	2	1	2	1	2	1
6	1	2	2	2	1	2	2	1	2	1	1
7	2	1	2	2	1	1	2	2	1	2	1
8	2	1	2	1	2	2	2	1	1	1	2
9	2	1	1	2	2	2	1	2	2	1	1
10	2	2	2	1	1	1	1	2	2	1	2
11	2	2	1	2	1	2	1	1	1	2	2
12	2	2	1	1	2	1	2	1	2	2	1

5)$L_{16}(2^{15})$

(1)正交试验表。

列号 试验号	1	2	3	4	5	6	7	8	9	10	11	12	13	14	15
1	1	1	1	1	1	1	1	1	1	1	1	1	1	1	1
2	1	1	1	1	1	1	1	2	2	2	2	2	2	2	2
3	1	1	1	2	2	2	2	1	1	1	1	2	2	2	2
4	1	1	1	2	2	2	2	2	2	2	2	1	1	1	1
5	1	2	2	1	1	2	2	1	1	2	2	1	1	2	2
6	1	2	2	1	1	2	2	2	2	1	1	2	2	1	1
7	1	2	2	2	2	1	1	1	1	2	2	2	2	1	1
8	1	2	2	2	2	1	1	2	2	1	1	1	1	2	2
9	2	1	2	1	2	1	2	1	2	1	2	1	2	1	2
10	2	1	2	1	2	1	2	2	1	2	1	2	1	2	1

续表

试验号＼列号	1	2	3	4	5	6	7	8	9	10	11	12	13	14	15
11	2	1	2	2	1	2	1	1	2	1	2	2	1	2	1
12	2	1	2	2	1	2	1	2	1	2	1	1	2	1	2
13	2	2	1	1	2	2	1	1	2	2	1	1	2	2	1
14	2	2	1	1	2	2	1	2	1	1	2	2	1	1	2
15	2	2	1	2	1	1	2	1	2	2	1	2	1	1	2
16	2	2	1	2	1	1	2	2	1	1	2	1	2	2	1

(2)两列间的交互作用。

1	2	3	4	5	6	7	8	9	10	11	12	13	14	15	列号
(1)	3	2	5	4	7	6	9	8	11	10	13	12	15	14	1
	(2)	1	6	7	4	5	10	11	8	9	14	15	12	13	2
		(3)	7	6	5	4	11	10	9	8	15	14	13	12	3
			(4)	1	2	3	12	13	14	15	8	9	10	11	4
				(5)	3	2	13	12	15	14	9	8	11	10	5
					(6)	1	14	15	12	13	10	11	8	9	6
						(7)	15	14	13	12	11	10	9	8	7
							(8)	1	2	3	4	5	6	7	8
								(9)	3	2	5	4	7	6	9
									(10)	1	6	7	4	5	10
										(11)	7	6	5	4	11
											(12)	1	2	3	12
												(13)	3	2	13
													(14)	1	14
														(15)	15

(3)表头设计。

因素数＼列号	1	2	3	4	5	6	7	8	9	10	11	12	13	14	15
4	A	B	A×B	C	A×C	B×C		D	A×D	B×D		C×D			
5	A	B	A×B	C	A×C	B×C	D×E	D	A×D	B×D	C×E	C×D	B×E	A×E	E
6	A	B	A×B D×E	C	A×C D×F	B×C E×F		D	A×D B×E	B×D A×E	E	C×D A×F	F		C×E B×F

续表

列号 因素数	1	2	3	4	5	6	7	8	9	10	11	12	13	14	15
7	A	B	A×B D×E F×G	C	A×C D×F E×G	B×C E×F D×G		D	A×D B×E C×F	B×D A×E C×G	E	C×D A×F A×G	F	G	C×E B×F A×G
8	A	B	A×B D×E F×G C×H	C	A×C D×F E×G B×H	B×C E×F D×G A×H	H	D	A×D B×E C×F G×H	B×D A×E C×G F×H	E	C×D A×F A×G E×H	F	G	C×E B×F A×G D×H

6) $L_{16}(4\times 2^{12})$

(1)正交试验表。

列号 试验号	1	2	3	4	5	6	7	8	9	10	11	12	13
1	1	1	1	1	1	1	1	1	1	1	1	1	1
2	1	1	1	1	1	2	2	2	2	2	2	2	2
3	1	2	2	2	2	1	1	1	1	2	2	2	2
4	1	2	2	2	2	2	2	2	2	1	1	1	1
5	2	1	1	2	2	1	1	2	2	1	1	2	2
6	2	1	1	2	2	2	2	1	1	2	2	1	1
7	2	2	2	1	1	1	1	2	2	2	2	1	1
8	2	2	2	1	1	2	2	1	1	1	1	2	2
9	3	1	2	1	2	1	2	1	2	1	2	1	2
10	3	1	2	1	2	2	1	2	1	2	1	2	1
11	3	2	1	2	1	1	2	1	2	2	1	2	1
12	3	2	1	2	1	2	1	2	1	1	2	1	2
13	4	1	2	2	1	1	2	2	1	1	2	2	1
14	4	1	2	2	1	2	1	1	2	2	1	1	2
15	4	2	1	1	2	1	2	2	1	2	1	1	2
16	4	2	1	1	2	2	1	1	2	1	2	2	1

(2)表头设计。

列号 因素数	1	2	3	4	5	6	7
3	A	B	$(A\times B)_1$	$(A\times B)_2$	$(A\times B)_3$	C	$(A\times C)_1$

续表

因素数 \ 列号	1	2	3	4	5	6	7
4	A	B	$(A\times B)_1$ $C\times D$	$(A\times B)_2$	$(A\times B)_3$	C	$(A\times C)_1$ $B\times D$
5	A	B	$(A\times B)_1$ $C\times D$	$(A\times B)_2$ $C\times E$	$(A\times B)_3$	C	$(A\times C)_1$ $B\times D$

因素数 \ 列号	8	9	10	11	12	13	
3	$(A\times C)_2$	$(A\times C)_3$	$B\times C$				
4	$(A\times C)_2$	$(A\times C)_3$	$B\times C$ $(A\times D)_1$	D	$(A\times D)_3$	$(A\times D)_2$	
5	$(A\times C)_2$ $B\times E$	$(A\times C)_3$	$B\times C$ $(A\times D)_1$ $(A\times E)_2$	D $(A\times E)_3$	E $(A\times D)_3$	$(A\times E)_1$ $(A\times D)_2$	

7）$L_{16}(4^2\times 2^9)$正交试验表

试验号 \ 列号	1	2	3	4	5	6	7	8	9	10	11
1	1	1	1	1	1	1	1	1	1	1	1
2	1	2	1	1	1	2	2	2	2	2	2
3	1	3	2	2	2	1	1	1	2	2	2
4	1	4	2	2	2	2	2	2	1	1	1
5	2	1	1	2	2	1	2	2	1	2	2
6	2	2	1	2	2	2	1	1	2	1	1
7	2	3	2	1	1	1	2	2	2	1	1
8	2	4	2	1	1	2	1	1	1	2	2
9	3	1	2	1	2	2	1	2	2	1	2
10	3	2	2	1	2	1	2	1	1	2	1
11	3	3	1	2	1	2	1	2	1	2	1
12	3	4	1	2	1	1	2	1	2	1	2
13	4	1	2	2	1	2	2	1	2	2	1
14	4	2	2	2	1	1	1	2	1	1	2
15	4	3	1	1	2	2	2	1	1	1	2
16	4	4	1	1	2	1	1	2	2	2	1

8)$L_{16}(4^3 \times 2^6)$正交试验表。

试验号 \ 列号	1	2	3	4	5	6	7	8	9
1	1	1	1	1	1	1	1	1	1
2	1	2	2	1	1	2	2	2	2
3	1	3	3	2	2	1	1	2	2
4	1	4	4	2	2	2	2	1	1
5	2	1	2	2	2	1	2	1	2
6	2	2	1	2	2	2	1	2	1
7	2	3	4	1	1	1	2	2	1
8	2	4	3	1	1	2	1	1	2
9	3	1	3	1	2	2	2	2	1
10	3	2	4	1	2	1	1	1	2
11	3	3	1	2	1	2	2	1	2
12	3	4	2	2	1	1	1	2	1
13	4	1	4	2	1	2	1	2	2
14	4	2	3	2	1	1	2	1	1
15	4	3	2	1	2	2	1	1	1
16	4	4	1	1	2	1	2	2	2

9)$L_{16}(4^4 \times 2^3)$正交试验表

试验号 \ 列号	1	2	3	4	5	6	7
1	1	1	1	1	1	1	1
2	1	2	2	2	1	2	2
3	1	3	3	3	2	1	2
4	1	4	4	4	2	2	1
5	2	1	2	3	2	2	1
6	2	2	1	4	2	1	2
7	2	3	4	1	1	2	2
8	2	4	3	2	1	1	1
9	3	1	3	4	1	2	2
10	3	2	4	3	1	1	1
11	3	3	1	2	2	2	1
12	3	4	2	1	2	1	2
13	4	1	4	2	2	1	2

续表

试验号 \ 列号	1	2	3	4	5	6	7
14	4	2	3	1	2	2	1
15	4	3	2	4	1	1	1
16	4	4	1	3	1	2	2

10）$L_{16}(4^5)$正交试验表

试验号 \ 列号	1	2	3	4	5
1	1	1	1	1	1
2	1	2	2	2	2
3	1	3	3	3	3
4	1	4	4	4	4
5	2	1	2	3	4
6	2	2	1	4	3
7	2	3	4	1	2
8	2	4	3	2	1
9	3	1	3	4	2
10	3	2	4	3	1
11	3	3	1	2	4
12	3	4	2	1	3
13	4	1	4	2	3
14	4	2	3	1	4
15	4	3	2	4	1
16	4	4	1	3	2

11）$L_{16}(8\times2^8)$正交试验表

试验号 \ 列号	1	2	3	4	5	6	7	8	9
1	1	1	1	1	1	1	1	1	1
2	1	2	2	2	2	2	2	2	2
3	2	1	1	1	1	2	2	2	2
4	2	2	2	2	2	1	1	1	1
5	3	1	1	2	2	1	1	2	2
6	3	2	2	1	1	2	2	1	1

续表

试验号＼列号	1	2	3	4	5	6	7	8	9
7	4	1	1	2	2	2	2	1	1
8	4	2	2	1	1	1	1	2	2
9	5	1	2	1	2	1	2	1	2
10	5	2	1	2	1	2	1	2	1
11	6	1	2	1	2	2	1	2	1
12	6	2	1	2	1	1	2	1	2
13	7	1	2	2	1	1	2	2	1
14	7	2	1	1	2	2	1	1	2
15	8	1	2	2	1	2	1	1	2
16	8	2	1	1	2	1	2	2	1

12) $L_{20}(2^{19})$正交试验表

试验号＼列号	1	2	3	4	5	6	7	8	9	10	11	12	13	14	15	16	17	18	19
1	1	1	1	1	1	1	1	1	1	1	1	1	1	1	1	1	1	1	1
2	2	2	1	1	2	2	2	2	1	2	1	2	1	1	1	1	2	2	1
3	2	1	1	2	2	2	2	1	2	1	2	1	1	1	1	2	2	1	2
4	1	1	2	2	2	2	1	2	1	2	1	1	1	1	2	2	1	2	2
5	1	2	2	2	2	1	2	1	2	1	1	1	1	2	2	1	2	2	1
6	2	2	2	2	1	2	1	2	1	1	1	1	2	2	1	2	2	1	1
7	2	2	2	1	2	1	2	1	1	1	1	2	2	1	2	2	1	1	2
8	2	2	1	2	1	2	1	1	1	1	2	2	1	2	2	1	1	2	2
9	2	1	2	1	2	1	1	1	1	2	2	1	2	2	1	1	2	2	2
10	1	2	1	2	1	1	1	1	2	2	1	2	2	1	1	2	2	2	2
11	2	1	2	1	1	1	1	2	2	1	2	2	1	1	2	2	2	2	1
12	1	2	1	1	1	1	2	2	1	2	2	1	1	2	2	2	2	1	2
13	2	1	1	1	1	2	2	1	2	2	1	1	2	2	2	2	1	2	1
14	1	1	1	1	2	2	1	2	2	1	1	2	2	2	2	1	2	1	2
15	1	1	1	2	2	1	2	2	1	1	2	2	2	2	1	2	1	2	1
16	1	1	2	2	1	2	2	1	1	2	2	2	2	1	2	1	2	1	1
17	1	2	2	1	2	2	1	1	2	2	2	2	1	2	1	2	1	1	1
18	2	2	1	2	2	1	1	2	2	2	2	1	2	1	2	1	1	1	1
19	2	1	2	2	1	1	2	2	2	2	1	2	1	2	1	1	1	1	2
20	1	2	2	1	1	2	2	2	2	1	2	1	2	1	1	1	1	2	2

13）$L_9(3^4)$正交试验表

试验号＼列号	1	2	3	4
1	1	1	1	1
2	1	2	2	2
3	1	3	3	3
4	2	1	2	3
5	2	2	3	1
6	2	3	1	2
7	3	1	3	2
8	3	2	1	3
9	3	3	2	1

14）$L_{18}(2\times3^7)$正交试验表

试验号＼列号	1	2	3	4	5	6	7	8
1	1	1	1	1	1	1	1	1
2	1	1	2	2	2	2	2	2
3	1	1	3	3	3	3	3	3
4	1	2	1	1	2	2	3	3
5	1	2	2	2	3	3	1	1
6	1	2	3	3	1	1	2	2
7	1	3	1	2	1	3	2	3
8	1	3	2	3	2	1	3	1
9	1	3	3	1	3	2	1	2
10	2	1	1	3	3	2	2	1
11	2	1	2	1	1	3	3	2
12	2	1	3	2	2	1	1	3
13	2	2	1	2	3	1	3	2
14	2	2	2	3	1	2	1	3
15	2	2	3	1	2	3	2	1
16	2	3	1	3	2	3	1	2
17	2	3	2	1	3	1	2	3
18	2	3	3	2	1	2	3	1

15) $L_{27}(3^{13})$

(1)正交试验表。

试验号 \ 列号	1	2	3	4	5	6	7	8	9	10	11	12	13
1	1	1	1	1	1	1	1	1	1	1	1	1	1
2	1	1	1	1	2	2	2	2	2	2	2	2	2
3	1	1	1	1	3	3	3	3	3	3	3	3	3
4	1	2	2	2	1	1	1	2	2	2	3	3	3
5	1	2	2	2	2	2	2	3	3	3	1	1	1
6	1	2	2	2	3	3	3	1	1	1	2	2	2
7	1	3	3	3	1	1	1	3	3	3	2	2	2
8	1	3	3	3	2	2	2	1	1	1	3	3	3
9	1	3	3	3	3	3	3	2	2	2	1	1	1
10	2	1	2	3	1	2	3	1	2	3	1	2	3
11	2	1	2	3	2	3	1	2	3	1	2	3	1
12	2	1	2	3	3	1	2	3	1	2	3	1	2
13	2	2	3	1	1	2	3	2	3	1	3	1	2
14	2	2	3	1	2	3	1	3	1	2	1	2	3
15	2	2	3	1	3	1	2	1	2	3	2	3	1
16	2	3	1	2	1	2	3	3	1	2	2	3	1
17	2	3	1	2	2	3	1	1	2	3	3	1	2
18	2	3	1	2	3	1	2	2	3	1	1	2	3
19	3	1	3	2	1	3	2	1	3	2	1	3	2
20	3	1	3	2	2	1	3	2	1	3	2	1	3
21	3	1	3	2	3	2	1	3	2	1	3	2	1
22	3	2	1	3	1	3	2	2	1	3	3	2	1
23	3	2	1	3	2	1	3	3	2	1	1	3	2
24	3	2	1	3	3	2	1	1	3	2	2	1	3
25	3	3	2	1	1	3	2	3	2	1	2	1	3
26	3	3	2	1	2	1	3	1	3	2	3	2	1
27	3	3	2	1	3	2	1	2	1	3	1	3	2

(2)两列间的交互作用。

1	2	3	4	5	6	7	8	9	10	11	12	13	列号
(1)	3	2	2	6	5	5	9	8	8	12	11	11	1
	4	4	3	7	7	6	10	10	9	13	13	12	

续表

1	2	3	4	5	6	7	8	9	10	11	12	13	列号
	(2)	1	1	8	9	10	5	6	7	5	6	7	2
		4	3	11	12	13	11	12	13	8	9	10	
		(3)	1	9	10	8	7	5	6	6	7	5	3
			2	13	11	12	12	13	11	10	8	9	
			(4)	10	8	9	6	7	5	7	5	6	4
				12	13	11	13	11	12	9	10	8	
				(5)	1	1	2	3	4	2	4	3	5
					7	6	11	13	12	8	10	9	
					(6)	1	4	2	3	3	2	4	6
						5	13	12	11	10	9	8	
						(7)	3	4	2	4	3	2	7
							12	11	13	9	8	10	
							(8)	1	1	2	3	4	8
								10	9	5	7	6	
								(9)	1	4	2	3	9
									8	7	6	5	
									(10)	3	4	2	10
										6	5	7	
										(11)	1	1	11
											13	12	
											(12)	1	12
												11	
												(13)	13

(3)表头设计。

列号 因子数	1	2	3	4	5	6	7
3	A	B	$(A\times B)_1$	$(A\times B)_2$	C	$(A\times C)_1$	$(A\times C)_2$
4	A	B	$(A\times B)_1$ $(C\times D)_2$	$(A\times B)_2$	C	$(A\times C)_1$ $(B\times D)_2$	$(A\times C)_2$

列号 因子数	8	9	10	11	12	13	
3	$(B\times C)_1$	D	$(A\times D)_1$	$(B\times C)_2$	$(B\times D)_1$	$(C\times D)_1$	
4	$(B\times C)_1$ $(A\times D)_2$		$(A\times D)_1$	$(B\times C)_2$			

16)$L_{25}(5^6)$正交试验表

试验号 \ 列号	1	2	3	4	5	6
1	1	1	1	1	1	1
2	1	2	2	2	2	2
3	1	3	3	3	3	3
4	1	4	4	4	4	4
5	1	5	5	5	5	5
6	2	1	2	3	4	5
7	2	2	3	4	5	1
8	2	3	4	5	1	2
9	2	4	5	1	2	3
10	2	5	1	2	3	4
11	3	1	3	5	2	4
12	3	2	4	1	3	5
13	3	3	5	2	4	1
14	3	4	1	3	5	2
15	3	5	2	4	1	3
16	4	1	4	2	5	3
17	4	2	5	3	1	4
18	4	3	1	4	2	5
19	4	4	2	5	3	1
20	4	5	3	1	4	2
21	5	1	5	4	3	2
22	5	2	1	5	4	3
23	5	3	2	1	5	4
24	5	4	3	2	1	5
25	5	5	4	3	2	1

17)$L_{32}(2^{31})$正交试验表

试验号 \ 列号	1	2	3	4	5	6	7	8	9	10	11	12	13	14	15	16	17	18	19	20	21	22	23	24	25	26	27	28	29	30	31
1	1	1	1	1	1	1	1	1	1	1	1	1	1	1	1	1	1	1	1	1	1	1	1	1	1	1	1	1	1	1	1
2	1	1	1	1	1	1	1	1	1	1	1	1	1	1	1	2	2	2	2	2	2	2	2	2	2	2	2	2	2	2	2
3	1	1	1	1	1	1	1	2	2	2	2	2	2	2	2	1	1	1	1	1	1	1	1	2	2	2	2	2	2	2	
4	1	1	1	1	1	1	1	2	2	2	2	2	2	2	2	2	2	2	2	2	2	2	2	1	1	1	1	1	1	1	1

续表

列号 试验号	1	2	3	4	5	6	7	8	9	10	11	12	13	14	15	16	17	18	19	20	21	22	23	24	25	26	27	28	29	30	31
5	1	1	1	2	2	2	2	1	1	1	1	2	2	2	2	1	1	1	1	2	2	2	2	1	1	1	1	2	2	2	2
6	1	1		2	2	2	2	1	1	1	1	2	2	2	2	2	2	2	2	1	1	1	1	2	2	2	2	1	1	1	1
7	1	1	1	2	2	2	2	2	2	2	2	1	1	1	1	1	1	1	1	2	2	2	2	2	2	2	2	1	1	1	1
8	1	1	1	2	2	2	2	2	2	2	2	1	1	1	1	2	2	2	2	1	1	1	1	1	1	1	1	2	2	2	2
9	1	2	2	1	1	2	2	1	1	2	2	1	1	2	2	1	1	2	2	1	1	2	2	1	1	2	2	1	1	2	2
10	1	2	2	1	1	2	2	1	1	2	2	1	1	2	2	2	2	1	1	2	2	1	1	2	2	1	1	2	2	1	1
11	1	2	2	1	1	2	2	2	2	1	1	2	2	1	1	1	1	2	2	1	1	2	2	2	2	1	1	2	2	1	1
12	1	2	2	1	1	2	2	2	2	1	1	2	2	1	1	2	2	1	1	2	2	1	1	1	1	2	2	1	1	2	2
13	1	2	2	2	2	1	1	1	1	2	2	1	1	1	1	1	1	2	2	2	2	1	1	1	1	2	2	2	2	1	1
14	1	2	2	2	2	1	1	1	1	2	2	1	1	1	1	2	2	1	1	1	1	2	2	2	2	1	1	1	1	2	2
15	1	2	2	2	2	1	1	2	2	1	1	2	2	2	2	1	1	2	2	2	2	1	1	2	2	1	1	1	1	2	2
16	1	2	2	2	2	1	1	2	2	1	1	2	2	2	2	2	2	1	1	1	1	2	2	1	1	2	2	2	2	1	1

附录 2　常见玻璃仪器与工具

玻璃仪器应轻拿轻放，除试管等少数仪器外都不能直接用火加热。化学反应较复杂，所用玻璃仪器的品种和规格较多，因此在实验前应注意仪器的选择与安装。玻璃仪器通常分为标准磨口玻璃仪器和普通玻璃仪器两类。

一、标准磨口玻璃仪器

常见标准磨口玻璃仪器如图 1 所示。

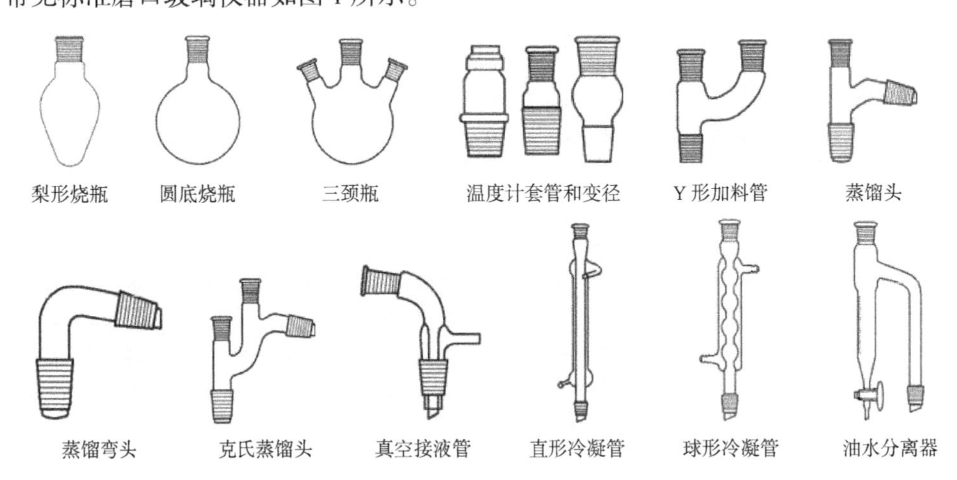

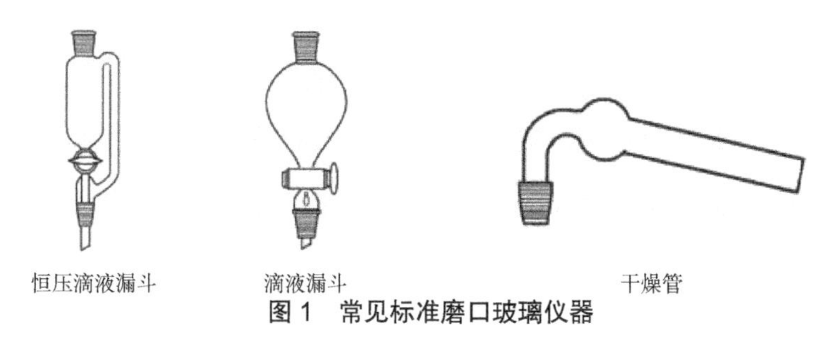

图1 常见标准磨口玻璃仪器

(1)烧瓶。有机反应一般在烧瓶内进行，烧瓶外部往往需要加热或冷却，反应时间也较长。为了满足实验的需要，实验室有多种烧瓶以备使用：圆底烧瓶的瓶口比较结实、耐压，在回流、蒸馏和有机反应实验中经常使用；梨形烧瓶适用于半微量操作；实验涉及搅拌和回流等较复杂的操作时，应选用多口烧瓶，如两颈瓶、三颈瓶、四颈瓶。三颈瓶又称三口瓶，中间的瓶口可安装电动搅拌器，两个侧口安装球形冷凝管、滴液漏斗、温度计等。三颈瓶安装一个Y形加料管就可以代替四颈瓶。以前常压蒸馏常用蒸馏烧瓶，现在可将圆底烧瓶与蒸馏头或蒸馏弯头组合来代替。同理，克莱森蒸馏烧瓶(简称克氏烧瓶)可将圆底烧瓶与克氏蒸馏头组合来代替，克氏蒸馏头常用于减压蒸馏和容易产生泡沫或暴沸液体的蒸馏。

(2)冷凝管。直形冷凝管主要用于蒸馏物的冷凝，也可用于沸点较高(超过100 ℃)液体的回流。当馏出物的沸点在140 ℃以下时，要在套管内通水冷却；若馏出物的沸点超过140 ℃，由于内管和套管熔接处局部骤冷易发生炸裂，需用空气冷凝管代替，如果温度不是很高，也可用未通水的直形冷凝管代替。球形冷凝管和蛇形冷凝管内管的冷却面积大，对蒸气冷凝有较好的效果，适用于回流操作。

(3)漏斗。分液漏斗按形状划分有筒形、圆形和梨形等，常用于液体的萃取、洗涤和分离，也可用于滴加试剂。当反应体系内具有压力时，最好采用恒压滴液漏斗滴加液体，它不仅能使滴加顺利进行，而且可以避免易挥发、有毒的蒸气从漏斗上口逸出。

(4)其他：接液管，在蒸馏时用于接收蒸馏液，常压蒸馏一般用单尾接液管，减压蒸馏时为了接收多种馏分，常常选用双尾或三尾接液管；在处理无水溶剂时或在无水反应装置中，为了避免潮气侵入，常用干燥管，内装无水氯化钙作为干燥剂；温度计套管，用于温度计与接口密封。

在有机实验中通常使用标准磨口玻璃仪器，也称磨口仪器。它与相应的普通玻璃仪器的区别在于各接头处加工成通用的磨口，即标准磨口。内外磨口能紧密连接，因而不需要软木塞或橡胶塞。这样不仅可节约配塞子和钻孔的时间，避免反应物或产物被塞子玷污，而且装配容易，拆洗方便，并可用于减压等操作，使工作效率大大提高。

常用的标准磨口玻璃仪器有10、14、19、24、29、34、40等编号，这些数字指磨口最大端直径的毫米数。编号不同的磨口不可以直接相连，但可借助于两端编号不同的磨口接头(变径)连接。通常用两个数字相乘表示变径的大小，如14×19表示该接头的一端为14号磨口，另一端为19号磨口。半微量仪器一般采用10号、14号磨口，常量仪器的磨口为19号及以上。

使用标准磨口玻璃仪器时须注意:磨口处必须洁净,若粘有固体杂物,会使磨口连接不紧密,导致漏气甚至损坏磨口;用后应及时拆卸洗净,否则磨口连接处就会粘牢,难以拆开,特别是蒸馏沸点较高的液体(如呋喃甲醇、苯胺等)后,蒸馏头与蒸馏瓶经常粘在一起;若要达到非常高的真空度,可在磨口连接处涂少量真空脂,但用后要及时清除,对一般的反应和常压蒸馏,磨口无须涂润滑剂(如凡士林、真空脂等),以免污染反应物或产物,若反应中有强碱,则应涂润滑剂,以免磨口连接处遭碱腐蚀粘牢而无法拆开;安装标准磨口玻璃仪器装置时应注意整齐、端正,磨口要对齐,松紧适度。

二、普通玻璃仪器

尽管标准磨口玻璃仪器已普及使用,但它不可能完全取代普通玻璃仪器,如量筒、烧杯、表面皿等。常见普通玻璃仪器如图 2 所示。

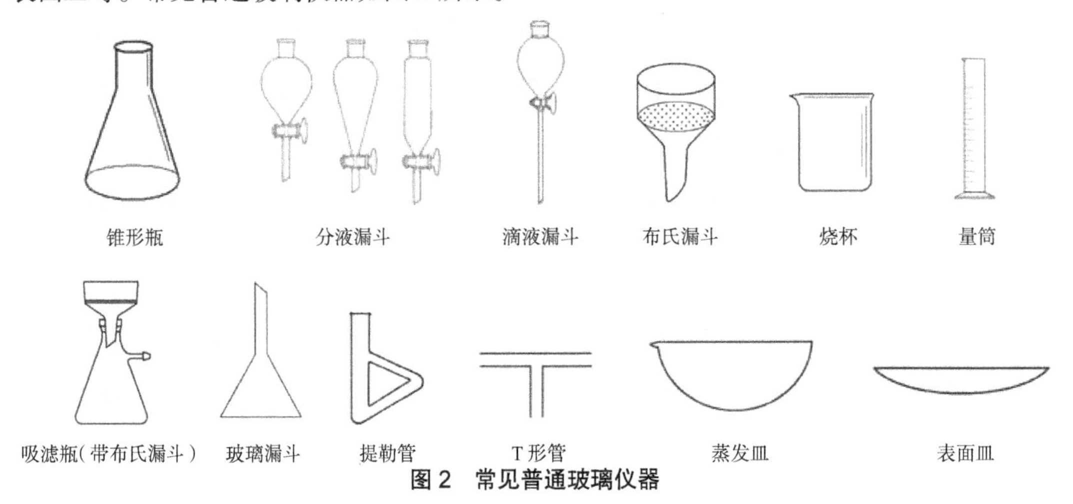

图 2 常见普通玻璃仪器

(1)锥形瓶也称三角烧瓶,常用于储存溶液、少量溶液加热、常压蒸馏时接收蒸馏液和重结晶操作。锥形瓶因瓶底较薄、不耐压,不可用于减压蒸馏,以避免炸裂。

(2)玻璃漏斗经常用于添加液体或普通过滤。如需要进行保温过滤,用短颈漏斗或热水浴漏斗,热水浴漏斗是在玻璃漏斗的外围装上一个铜质的外壳,外壳与漏斗之间装水,用燃气灯加热侧面的支管,以保持所需要的温度。

(3)布氏漏斗(一般由陶瓷制成)与吸滤瓶组合可用于减压过滤。

(4)提勒管又称 b 形管,通常用于测定熔点。

(5)瓶壁较厚的玻璃器皿(如吸滤瓶)一般不能用来加热溶液。带活塞的玻璃仪器用完洗净后应在活塞与磨口之间垫上纸片,以防粘住。温度计的水银球壁较薄,不宜做搅拌棒用,且不能测量超过刻度范围的温度,使用后要慢慢冷却,不可立即用冷水冲洗,以免炸裂。

三、常见工具

除上述玻璃仪器外,实验室还经常用到一些工具。

(1)铁架台、铁夹、铁圈、三脚架,用于安装、固定玻璃仪器,从而连成所需的装置。

（2）水浴锅，可盛放水、冰、耐热油等介质，用于加热或冷却，一般由金属制成，使用时需注意防腐，不要盛酸或碱。

（3）锉刀，用于割断玻璃棒、玻璃管等玻璃制品。

（4）打孔器，一般不同粗细的打孔器组成一套，用于橡胶塞打孔，用完后应除去其中的橡胶块，套在一起，使用时需注意防腐，定期涂防锈油。

（5）水蒸气发生器，一般由铜制成，在水蒸气蒸馏时用于发生水蒸气，可用三颈瓶代替，但蒸汽量较小。

（6）热水浴漏斗，一般由铜制成，在热过滤时可起到保温作用。

（7）镊子、剪刀、圆锉刀、燃气灯、升降台等。

以上工具在实验过程中经常使用，要注意保养，防止受潮生锈，用完后要擦净污物，保持干燥和干净，并及时放回原处。

附录3 常用玻璃仪器的洗涤和干燥

一、常用玻璃仪器的洗涤

用洁净的仪器进行实验是保证实验得到预期结果的前提条件，但不同实验对洁净的标准不同，应当根据实验的需要，污物的性质，仪器的形状、特征等选择适当的洗涤剂和洗涤方法。

附着在玻璃仪器上的污物通常有水溶性物质、尘土、油污等不溶于水的物质。洗涤前应根据实验的要求、污物的性质和仪器被污染的程度等选择合适的洗涤剂和洗涤方法，达到洗净仪器的目的。

1）用水洗

即用水冲洗，洗去水溶性物质。这种方法通常适用于刚刚使用完，且只粘有水溶性物质的玻璃仪器。

2）用去污粉或合成洗涤剂洗

即用粘有去污粉或合成洗涤剂的毛刷洗涤。去污粉中含有碳酸钠，因此它和合成洗涤剂一样，都能够除去仪器上非水溶性的油迹和污渍。去污粉中还含有白土和石英砂，在刷洗时能起到摩擦作用，使洗涤的效果更好。经去污粉或合成洗涤剂刷洗过的仪器要用自来水冲洗，以除去附着在仪器上的白土、石英砂、洗涤剂。

3）用洗涤液洗

即用洗涤液浸泡洗涤。在进行精确的定量实验时，因对仪器的洁净程度要求较高，或因仪器容积精确、形状特殊，不能或无法用刷子机械地刷洗，就要选用适当的洗涤液进行清洗。普通化学实验室中常用的洗涤液如下。

（1）铬酸洗涤液。将5~10 g $K_2Cr_2O_7$（粗）用少量水润湿，加入100 mL浓H_2SO_4，边加边搅拌，必要时可稍加热促进溶解，得到棕红色油状液体，冷却后储存于细口瓶中备用。铬酸洗涤液是一种酸性很强的强氧化剂，在使用过程中红色的 $K_2Cr_2O_7$ 被还原成绿色的 Cr^{3+}，失去氧化性。因此当颜色变绿时，铬酸洗涤液即失效，应重新配制。铬酸洗涤液因含浓 H_2SO_4，能强烈吸收空气中的水分，从而洗涤效果变差，故不使用时铬酸洗涤液应密封保存。

注意：六价铬严重污染环境，故润洗用的洗涤液应放回原瓶中。

（2）NaOH-$KMnO_4$ 洗涤液。将 10 g $KMnO_4$ 溶于少量水中，在搅拌下慢慢向其中注入 100 mL 10% 的 NaOH 溶液即得。该洗涤液用于洗涤油脂等有机物，洗后留在器壁上的 MnO_2 沉淀可用还原性洗涤液（如浓 HCl、$H_2C_2O_4$ 或 Na_2SO_3 溶液）除去。

（3）酒精与浓 HNO_3 混合液。该洗涤液适于洗涤滴定管，使用时先向滴定管中加入 3 mL 酒精，再加入 4 mL 浓 HNO_3。

（4）浓 HCl 洗涤液。该洗涤液可以洗去附着在器壁上的氧化剂（如 MnO_2）。

用洗涤液洗是一种化学处理方法，这里只介绍了 4 种洗涤液，而实际问题是多种多样的。如盛过奈斯勒试剂的瓶子常有碘附着在瓶壁上，用上述几种洗涤液均很难洗净，而用 1 mol/L 的 KI 溶液洗涤效果较好。总之，选用洗涤液要有针对性，要根据具体条件充分运用已有的化学知识来处理实际问题。

用洗涤液清洗仪器时，先往仪器内加少量洗涤液（用量约为仪器总容量的 1/5），然后将仪器倾斜并慢慢转动，使仪器的内壁全部被洗涤液润湿，再把洗涤液倒回原来的瓶内，最后用水把残留在仪器上的洗涤液洗去。如果用洗涤液把仪器浸泡一段时间或者用热的洗涤液洗，则效率更高。

使用洗涤液时必须注意以下几点。

（1）使用洗涤液前应用水刷洗仪器，尽量除去其中的污物。

（2）尽量把仪器内残留的水倒掉，以免水把洗涤液冲稀。

（3）有些洗涤液（如铬酸洗涤液）用后应倒回原来的瓶内，可以重复使用多次。

（4）多数洗涤液具有很强的腐蚀性，会灼伤皮肤，损坏衣物。如果不慎把洗涤液洒在皮肤、衣物、实验桌上，应立即用水冲洗。

（5）六价铬严重污染环境，清洗残留在仪器上的铬酸洗涤液时，第 1~2 遍的洗涤水不要倒入下水道，应回收到指定的容器中统一处理。

用以上方法洗涤的仪器经自来水冲洗后，往往还残留有 Ca^{2+}、Mg^{2+}、Cl^- 等离子，如果这些离子的存在干扰实验结果，则应该用去离子水把它们洗去。用去离子水洗涤时，应遵循少量多次的基本原则，这样既保证了高洗涤效率，又节约了水资源。

洗净的仪器的器壁上不应附着有不溶物。对定量分析实验和离子检出实验，仪器的器壁应该可以被水润湿。如果把水加到仪器中，再把仪器倒转过来，水会顺着器壁流下，器壁上只留下一层既薄又均匀的水膜，无水珠附在上面，这样的洗涤效果才能满足实验的需要。

二、常用玻璃仪器的干燥

洗净的玻璃仪器如需干燥可采用以下方法。

1)烘干

洗净的仪器可以放在电热干燥箱(也叫烘箱)内干燥,在放进去之前应尽量把水倒净。放置仪器时应使仪器的口朝下(倒置后不稳的仪器则应平放)。可以在电热干燥箱的最下层放一个搪瓷盘,接收从仪器上滴下的水珠,使水不滴到电炉丝上,以免损坏电炉丝。

2)烤干

烧杯和蒸发皿等可以放在石棉网上用小火烤干。试管可以直接用小火烤干,操作时用试管夹夹住试管,管口向下,略倾斜,并不时地来回移动试管,烤到水珠消失后,管口朝上继续烘烤一会儿,以把水汽赶尽。某些大口浅容器(如结晶皿)可放在红外灯下烤干。

3)晾干

洗净的仪器可倒置在干净的实验柜内(倒置后不稳的仪器(如量筒等)则应平放)或仪器架上晾干。

4)吹干

即用气流烘干器或吹风机把仪器吹干。此种干燥方法(特别是对小口容器)比烘干效率更高。把洗净的仪器(尽量控干水分)套在气流烘干器的出气管口,先打开气流烘干器的风扇开关,再打开加热开关,几分钟即可将仪器吹干。

5)用有机溶剂干燥

有些有机溶剂可以和水混溶,形成沸点较低的共沸溶液,利用这个特点,可用有机溶剂带走仪器中的水分,达到干燥的目的。最常用的有机溶剂是酒精和丙酮。向仪器内加入少量酒精或丙酮,把仪器倾斜,转动仪器,器壁上的水即与酒精或丙酮混合,然后将溶剂倒出,仪器内剩余的溶剂挥发后仪器即干燥。

带有刻度的计量仪器不能加热,因为加热会影响仪器的精密度,常用晾干或用有机溶剂干燥的方法进行干燥。但应注意,移液管、滴定管、容量瓶等定量分析仪器不能使用有机溶剂干燥,因为这样会使仪器产生严重的挂壁现象,从而影响实验结果。

用布或纸擦拭仪器会使纤维附着在器壁上而将洗净的仪器弄脏,所以不应采用这一方法。

附录 4　水的物理性质

温度 /℃	饱和蒸气压 /kPa	密度 /(kg/m³)	焓 /(kJ/kg)	比热容 /(kJ/(kg·℃))	导热系数 $\lambda\times10^2$/(W/(m·℃))	黏度 $\mu\times10^5$ /(Pa·s)	体积膨胀系数 $\beta\times10^4$ /(1/℃)	表面张力 $\sigma\times10^3$ /(N/m)	普朗特数 Pr
0	0.608 2	999.9	0	4.212	55.13	179.21	−0.63	77.1	13.66
10	1.226 2	999.7	42.04	4.191	57.45	130.77	0.70	75.6	9.52
20	2.334 6	998.2	83.90	4.183	59.89	100.50	1.82	74.1	7.01
30	4.247 4	995.7	125.69	4.174	61.76	80.07	3.21	72.6	5.42
40	7.376 6	992.2	167.51	4.174	63.38	65.60	3.87	71.0	4.32
50	12.34	988.1	209.30	4.174	64.78	54.94	4.49	69.0	3.54
60	19.923	983.2	251.12	4.178	65.94	46.88	5.11	67.5	2.98
70	31.164	977.8	292.99	4.178	66.76	40.61	5.70	65.6	2.54
80	47.375	971.8	334.94	4.195	67.45	35.65	6.32	63.8	2.12
90	70.136	965.3	376.98	4.208	67.98	31.65	6.95	61.9	1.96
100	101.33	958.4	419.10	4.220	68.04	28.38	7.52	60.0	1.76
110	143.31	951.0	461.34	4.233	68.27	25.89	8.08	58.0	1.61
120	198.64	943.1	503.67	4.250	68.50	23.73	8.64	55.9	1.47
130	270.25	934.8	546.38	4.266	68.50	21.77	9.17	53.9	1.36
140	361.47	926.1	589.08	4.287	68.27	20.10	9.72	51.7	1.26
150	476.24	917.0	632.20	4.312	68.38	18.63	10.3	49.6	1.18
160	618.28	907.4	675.33	4.346	68.27	17.36	10.7	47.5	1.11
170	792.59	897.3	719.30	4.379	67.92	16.28	11.3	46.2	1.05
180	1 003.5	886.9	763.25	4.417	67.45	15.30	11.9	43.1	1.00
190	1 255.6	876.0	807.63	4.460	66.99	14.42	12.6	40.8	0.96
200	1 554.77	863.0	852.43	4.505	66.29	13.63	13.3	38.4	0.93
210	1 917.72	852.8	897.65	4.555	65.48	13.04	14.1	36.1	0.91
220	2 320.88	840.3	943.70	4.614	64.55	12.46	14.8	33.8	0.89
230	2 798.59	827.3	990.18	4.681	63.73	11.97	15.9	31.6	0.88
240	3 347.91	813.6	1 037.49	4.756	62.80	11.47	16.8	29.1	0.87
250	3 977.67	799.0	1 085.64	4.844	61.76	10.98	18.1	26.7	0.86
260	4 693.75	784.0	1 135.04	4.949	60.48	10.59	19.7	24.2	0.87
270	5 503.99	767.0	1 185.28	4.070	59.96	10.20	21.6	21.9	0.88
280	6 417.24	750.7	1 236.28	5.229	57.45	9.81	23.7	19.5	0.89
290	7 443.29	732.3	1 289.95	5.485	55.82	9.42	26.2	17.2	0.93
300	8 592.94	712.5	1 344.80	5.736	53.96	9.12	29.2	14.7	0.97
310	9 877.96	691.1	1 402.16	6.071	52.34	8.83	32.9	12.3	1.02
320	11 300.3	667.1	1 462.03	6.573	50.59	8.53	38.2	10.0	1.11
330	12 879.6	640.2	1 526.10	7.243	48.73	8.14	43.3	7.82	1.22
340	14 615.8	610.1	1 594.75	8.164	45.71	7.75	53.4	5.78	1.38
350	16 538.5	574.4	1 671.37	9.504	43.03	7.26	66.8	3.89	1.60
360	18 667.1	528.0	1 761.39	13.984	39.54	6.67	109	2.06	2.36
370	21 040.9	450.5	1 892.43	40.319	33.73	5.65	264	0.48	6.08

附录 5 干空气的物理性质(101.33 kPa)

温度 t /℃	密度 ρ /(kg/m^3)	比热容 c /(kJ/(kg·℃))	导热系数 $\lambda \times 10^2$ /(W/(m·℃))	黏度 $\mu \times 10^5$ /(Pa·s)	普朗特数 Pr
-50	1.584	1.013	2.035	1.46	0.728
-40	1.515	1.013	2.117	1.52	0.728
-30	1.453	1.013	2.198	1.57	0.723
-20	1.395	1.009	2.279	1.62	0.716
-10	1.342	1.009	2.360	1.67	0.712
0	1.293	1.009	2.442	1.72	0.707
10	1.247	1.009	2.512	1.77	0.705
20	1.205	1.013	2.593	1.81	0.703
30	1.165	1.013	2.675	1.86	0.701
40	1.128	1.013	2.756	1.91	0.699
50	1.093	1.017	2.826	1.96	0.698
60	1.060	1.017	2.896	2.01	0.696
70	1.029	1.017	2.966	2.06	0.694
80	1.000	1.022	3.047	2.11	0.692
90	0.972	1.022	3.128	2.15	0.690
100	0.946	1.022	3.210	2.19	0.688
120	0.898	1.026	3.338	2.29	0.686
140	0.854	1.026	3.489	2.37	0.684
160	0.815	1.026	3.640	2.45	0.682
180	0.779	1.034	3.780	2.53	0.681
200	0.746	1.034	3.931	2.60	0.680
250	0.674	1.043	4.268	2.74	0.677
300	0.615	1.047	4.605	2.97	0.674
350	0.566	1.055	4.908	3.14	0.676
400	0.524	1.068	5.210	3.31	0.678
500	0.456	1.072	5.745	3.62	0.687
600	0.404	1.089	6.222	3.91	0.699
700	0.362	1.102	6.711	4.18	0.706
800	0.329	1.114	7.176	4.43	0.713
900	0.301	1.127	7.630	4.67	0.717
1 000	0.277	1.139	8.071	4.90	0.719
1 100	0.257	1.152	8.502	5.12	0.722
1 200	0.239	1.164	9.153	5.35	0.724

附录 6 乙醇 - 水溶液在常温常压下的物性数据

体积分数/%	密度/(kg/L)	质量分数/%	摩尔分数/%	沸点/℃	比热容/(kJ/(kmol·K))	汽化热/(kJ/kmol)
0	1.000 0	0	0	100.0	75.3	40 670
5	0.992 8	4.00	1.6	95.8	79.8	40 640
6	0.991 6	4.80	1.9	95.1	80.7	40 635
7	0.990 3	5.62	2.3	94.4	81.6	40 628
8	0.989 1	6.42	2.6	93.8	82.4	40 622
9	0.987 9	7.24	3.0	93.2	83.2	40 615
10	0.986 7	8.05	3.3	92.6	84.0	40 609
12	0.984 5	9.69	4.0	91.6	85.2	40 596
14	0.982 2	11.33	4.8	90.7	86.3	40 582
16	0.980 2	12.97	5.5	89.8	87.4	40 569
18	0.978 2	14.62	6.3	89.1	88.5	40 554
20	0.976 3	16.20	7.1	88.4	89.3	40 539
30	0.965 7	24.69	11.4	85.7	93.7	40 460
40	0.952 3	33.39	16.4	84.1	97.8	40 368
50	0.934 8	42.52	22.4	82.8	100.9	40 258
60	0.914 1	52.20	29.9	81.7	102.7	40 120
70	0.890 7	62.49	39.5	80.8	107.9	39 943
80	0.864 5	73.58	52.1	79.9	118.3	39 711
90	0.834 4	85.76	70.2	79.1	109.2	39 378
92	0.827 0	88.78	74.8	78.7	107.4	39 294
94	0.820 6	91.08	80.0	78.5	107.2	39 198
96	0.812 5	93.89	85.7	78.3	107.9	39 093
98	0.803 9	98.84	97.1	78.3	112.9	38 883
100	0.794 3	100.00	100.0	78.3	96.8	38 830